Ingenieurholzbau

Von

W. Stoy VDI

Dr.-Ing. habil., Professor an der
Technischen Hochschule Braunschweig

Mit 160 Textabbildungen

Berlin
Verlag von Julius Springer
1939

ISBN-13:978-3-642-90440-0 e-ISBN-13:978-3-642-92297-8
DOI: 10.1007/978-3-642-92297-8

Dem Andenken
meines Vaters

Vorwort.

Die Grundlage für das vorliegende kleine Buch bildet der Abschnitt „Holzbau" aus dem neuen Taschenbuch für Bauingenieure von Schleicher, den ich in der Hauptsache im Jahre 1936 geschrieben habe. Infolge verschiedener Umstände hat sich das Erscheinen des genannten Taschenbuches verzögert. Daher trat der Verlag Julius Springer an mich heran mit dem Ersuchen, den Abschnitt „Holzbau" gesondert, ergänzt und erweitert, unter dem Titel „Ingenieurholzbau" herauszugeben. Dieser Aufforderung bin ich um so bereitwilliger nachgekommen, als der Baustoff „Holz" nicht nur für Aufstell-, Lehr- und Baugerüste — ich verweise auf die großen Brückenbauten der Reichsautobahnen —, sondern auch für freitragende Ingenieurholzbauten aller Art in den letzten Jahren bevorzugt zur Verwendung gekommen ist. Unter „Ingenieurholzbau" sind dabei diejenigen Anwendungsgebiete des Holzes im Bauwesen verstanden, bei denen die Querschnitte nicht gefühlsmäßig, sondern auf Grund statischer Berechnungen gewählt werden. Der Ingenieurholzbau steht damit nicht etwa im Gegensatz zum Zimmerhandwerk (das heute zum großen Teil auch statisch berechnete Holzbauten ausführt) und ist auch nicht etwa auf besonders schwierige Aufgaben (große Spannweiten od. dgl.) beschränkt, er stellt vielmehr die sparsamste Holzverwendung im Bauwesen dar; die Holzersparnis findet hier ihre Grenze in dem übergeordneten Gesichtspunkt der Sicherheit, d. h. in den Baupolizeibestimmungen. Bei der Durcharbeitung der bereits gedruckt vorliegenden Fahnen zeigte sich, daß einzelne Abschnitte wesentlich umgearbeitet bzw. ergänzt werden mußten. Die Ergebnisse der Forschung, insbesondere an der Materialprüfungsanstalt Stuttgart, haben den Holzbau um ein großes Stück weiter vorwärts gebracht; neue Normen und gesetzliche Verordnungen waren zu berücksichtigen. Im Ingenieurholzbau ist heute noch alles im Fluß. Das vorliegende kleine Buch baut auf auf der vorzüglichen Arbeit von Reg.-Baumeister Dr.-Ing. H. Seitz, Oberingenieur der Karl Kübler A.-G., Stuttgart, „Grundlagen des Ingenieurholzbaus", erschienen 1925 bei Julius Springer, Berlin. Er berücksichtigt die neueste wissenschaftliche Forschung und deren Niederschlag in den amtlichen Bestimmungen und Normen; außerdem wird eine Reihe ausgeführter Bauten aus dem letzten Jahrzehnt gezeigt, ohne indes klassische Beispiele früherer Zeiten zu übergehen. Es ist bewußt auf eine eingehende Beschreibung der einzelnen Bauwerke verzichtet, um den Umfang und damit den Preis des kleinen Büchleins nicht unnötig zu erhöhen.

Es ist mir eine angenehme Pflicht, allen Behörden und Firmen, die meine Arbeiten durch Zeichnungen und Berichte über ausgeführte Bauwerke gefördert haben, meinen herzlichsten Dank auszusprechen. Besonderer Dank gebührt Herrn Dr.-Ing. E. Nickel, Oberingenieur der Firma Aug. Klönne, Dortmund, der mich bei dem Abschnitt „Aufstellgerüste“ weitgehend unterstützt hat.

Grundsätzlich ist bei allen Beispielen der Name des Entwurfsverfassers und der der ausführenden Firma genannt, soweit dies festzustellen war.

Hildesheim, Ostern 1939.

Der Verfasser.

Inhaltsverzeichnis.

Maßgebende deutsche Normen und Bestimmungen.

DIN 1052 Bestimmungen für die Ausführung von Bauwerken aus Holz im Hochbau. 2. Ausgabe. Mai 1938. (3. Ausgabe in Vorbereitung.)

DIN 1074 Berechnungs- und Entwurfsgrundlagen für hölzerne Brücken. — August 1930. (In der 2. Ausgabe, die zur Zeit neu bearbeitet wird, werden nur die Vorschriften gebracht, die über die Norm DIN 1052 hinaus noch für Brücken gelten.)

DIN 1969 Technische Vorschriften für Bauleistungen (VOB). Zimmererarbeiten. 2. Ausgabe. Januar 1933. (Laut Mitteilung des Reichsverdingungsausschusses sind die Bestimmungen über Werkstoffe im Abschnitt *A* der technischen Vorschriften für Bauleistungen durch Anordnungen der verschiedenen Überwachungsstellen für Rohstoffe bis auf weiteres teilweise überholt.)

DIN 4070 Holzabmessungen, Kantholz, Balken, Dachlatten.
DIN 4071 Holzabmessungen, Bretter und Bohlen.
DIN 4072 Holzabmessungen, Spundung von gehobelten und rauhen Brettern.
} November 1938

DIN 4074 Bauholz — Gütebedingungen — März 1939.

BH Vorläufige Bestimmungen für Holztragwerke, Deutsche Reichsbahngesellschaft, 3. berichtigte Auflage 1931. (Wird demnächst außer Kraft gesetzt und durch DIN 1052, DIN 1074 und DIN 4074 ersetzt.)

Homa = Holzmeßanweisung. Verordnung über die Aushaltung, Messung und Sortenbildung des Holzes in den deutschen Forsten vom 1. Oktober 1936.

I. Das Rohholz und seine Zurichtung.

Als Bauholz wird in Deutschland fast nur einheimisches Nadelholz verwandt, in der Hauptsache **Fichte** (*Rottanne, Grähne*), **Kiefer** (*Föhre, Forche*) und **Tanne** (*Weißtanne, Edeltanne*), seltener **Lärche** (als Bauholz meist zu teuer, läßt sich auch schwerer verarbeiten). Dabei ist die Fichte das wesentlichste Bauholz in den Gebirgsgegenden Deutschlands, in Süddeutschland und auch in Westdeutschland, während die Kiefer das fast ausschließlich verwandte Bauholz des deutschen Ostens und Nordens ist. Von den Laubhölzern hat nur Eiche eine gewisse Bedeutung für Bauteile, an die bezüglich Festigkeit (besonders Druck quer zur Faser) und Wetterbeständigkeit sehr hohe Anforderungen gestellt werden.

Nachdem das Holz im Walde gefällt ist, muß es grundsätzlich so schnell wie möglich den Betrieben zugeführt oder aber sachgemäß behandelt werden. Holz aus Sommerfällung muß *sofort* eingeschnitten und sachgemäß gestapelt, oder *sofort* ins Wasser gebracht, oder *sofort* entsaftet werden (Liegenlassen mit voller Krone, so daß Blätter oder Nadeln infolge ihrer großen Verdunstungsoberfläche dem gefällten Stamm rasch den Saft entziehen). Bei Eiche kommt bei Sommerfällung nur Entsaften mit Hilfe der Krone in Frage. Sachgemäß behandeltes Holz aus Sommerfällung ist gleichwertig mit sachgemäß behandeltem Holz aus Winterfällung. Wird die Abfuhr von Holz, das im Winter gefällt ist, erst im Frühjahr oder Sommer vorgenommen, so muß es auf Unterlagen gelegt werden, damit es vom Boden freikommt. Im Hochgebirge ist infolge zu hoher Schneelage nur die Sommerfällung möglich.

Die Rinde ist für das Holz natürliche Verpackung und nur da zu entfernen, wo es unbedingt notwendig ist, bei im Winter geschlagenem Holze immer vor der Saftzeit. Denn beim Eintritt wärmerer Witterung wird unentrindetes Holz vom Borkenkäfer und anderen tierischen Schädlingen befallen und leidet Schaden, bildet aber vor allem eine große Gefahr für den stehenden Waldbestand. Derartiges im Winter gefälltes Holz wird dann auch niemals stark reißen, weil es einem langsamen Trocknungsprozeß ausgesetzt ist (Frost, Wind). Es ist falsch, die Kiefer *sofort* nach dem Fällen zu entrinden, da sie dann fast sicher verblaut, wenn sie nicht in allerkürzester Zeit ins Wasser gebracht wird. Im Sommer gefälltes Kiefernholz soll im Walde nicht geschält werden, sondern sofort abgefahren und entweder verarbeitet oder ins Wasser gebracht werden. Fichte *auf Kahlschlägen* verträgt die Sommerfällung immer schlecht, weil das Holz sehr stark reißt. Fichte *aus Durchforstungen* dagegen bedarf bei der Sommerfällung keinerlei anderer Behandlung als bei Winterfällung (Lagerung im Bestandschatten usw.).

Frisch eingeschlagenes Holz enthält etwa 50% Wasser; nach längerer Lagerung im Walde oder auf dem Sägewerk geht dieser Gehalt auf etwa 25—35% (*waldtrocken*) zurück. Die weitere Austrocknung erfolgt nach dem Einschneiden zu Kantholz, Bohlen, Brettern usw. (*lufttrocken* 15 bis 20% Feuchtigkeit je nach dem jeweiligen Feuchtigkeitsgehalt der Luft). Zu diesem Zwecke ist das Holz entsprechend zu stapeln.

Künstliche Trocknung kommt für Bauholz nur bei geleimten Konstruktionen in Frage; hier ist sie unbedingt notwendig und bedingt den Enderfolg. Im allgemeinen würde sie zu umständlich sein und das Holz unverhältnismäßig verteuern.

Die Meinung, daß geflößtes Holz nicht geflößtem bezüglich Widerstandsfähigkeit gegenüber Pilzen und tierischen Schädlingen überlegen sei, darf auf Grund neuerer wissenschaftlicher Auswertung als erledigt gelten.

Für die Sortierung des Rohholzes zum Zwecke des Verkaufs gilt in Deutschland einheitlich seit 1. Oktober 1936 die Verordnung über die Aushaltung, Messung und Sortenbildung des Holzes in den deutschen Forsten (**Holzmeßanweisung = Homa**).

Das Langnutzholz wird in Stämme und Stangen eingeteilt. Die Stämme mit der Unterteilung in Langholz und Abschnitte haben 1 m oberhalb des stärkeren Endes über 14 cm Durchmesser mit Rinde, die Stangen bis 14 cm Durchmesser.

Für die Zuteilung des Holzes zu Güteklassen sind folgende Merkmale maßgebend:

Güteklasse A: Durch ihre gute Beschaffenheit sich hervorhebende, gesunde, geradschäftige, vollholzige, ast- oder fast astreine, fehlerfreie oder nur mit kleinen, den Gebrauchswert nicht beeinträchtigenden Schäden und Fehlern behaftete Stücke.

Güteklasse B: Gewöhnliche, gesunde, auch stammtrockene, mit unerheblichen oder durch die Güte des Holzes ausgeglichenen Fehlern behaftete Stücke.

Güteklasse C: Stark astige, stark abholzige oder stark drehwüchsige Stücke, sowie abholzige oder astige Zopfstücke und kranke Stücke, soweit sie noch als Nutzholz tauglich sind, insbesondere Stücke mit tiefgehenden faulen Ästen, Rot- und Weißfäule (jedoch nicht kleine Faulflecke) oder sonstigen wesentlichen Pilzzerstörungen, sowie Stücke mit weitgehender Ringschäle.

Alle erheblich kranken (faulen) Stücke sind durch ein + neben der Nummer zu kennzeichnen.

Die Merkmale und Fehler, nach denen die Stämme den verschiedenen Güteklassen zugeteilt werden, sind nicht im einzelnen aufgezählt, da sonst eine Trennung nach Holzarten unvermeidlich gewesen wäre, vielmehr ist das, was *handelsüblich* als *fehlerfrei* oder *fehlerhaft* für die einzelnen Holzarten gilt, für die Zuteilung zu den Güteklassen maßgebend.

Für Langnutzholz aus Laubholz sowie Kiefer, Lärche und Weymouthskiefer sind Durchmesserklassen gebildet, und zwar so, daß die Klassenzahl das Zehntelmeter des Mittendurchmessers der zugehörigen Stämme erkennen läßt. Da 10 cm Klassen beim Nadelholz eine zu weite Spannung bilden und Hölzer verschiedenster Verwendungsmöglichkeiten umfassen würden, sind bei den

Klassen 1 bis 3 Unterklassen mit 5 cm vorgesehen,

Klasse	1a	unter 15 cm	Mittendurchmesser ohne Rinde		
,,	1b	von 15—19 cm	,, ,, ,,		
,,	2a	,, 20—24 cm	,, ,, ,,	usw.	

Die Mindestlänge beträgt 6 m. Kürzere Stammteile werden als Abschnitte bezeichnet (Blöcke, Blochholz); ihre Einteilung erfolgt wie beim Langholz.

Für Fichte, Tanne und Douglasie richtet sich die Klasseneinteilung nach Mindestlänge und Mindestzopfdurchmesser (*sog. Heilbronner Sortierung*). Die Nummerung erfolgt in derselben Reihenfolge wie bei den Durchmesserklassen: die schwächste Klasse wird also mit Klasse 1 bezeichnet.

Abschnitte sind Stämme oder Stammteile, die die für die Einreihung in die Langholzklassen nötige Länge nicht besitzen; die Klasseneinteilung ist dieselbe wie bei Kiefer.

Nadelderbstangen werden nach Länge und Durchmesser in drei Klassen eingeteilt, von 7 bis 9, von 9 bis 11, von 11 bis 14 cm Durchmesser mit Rinde (1 m über dem dickeren Ende) und Unterklassen je nach Länge.

Rohholz kommt ohne weitere Verarbeitung zur Verwendung als Stangen bei Gerüsten, zur Abstützung von Schalungen im Hochbau. Stärkere Querschnitte werden im landwirtschaftlichen Bauwesen und bei Brückenbauten, Transport- und Lehrgerüsten als Ständer und Streben benutzt. Die stärksten Stämme dienen als Pfähle im Grundbau.

Halbes Rundholz wird verwandt für Verstrebungen, als Längs- und Querverbände im Gerüstbau und für Holme von Gerüstleitern. Dabei ist besondere Güte erforderlich.

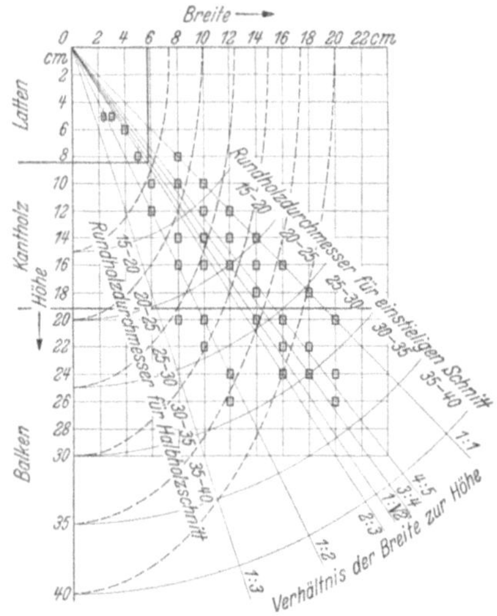

Abb. 1. Zeichnerische Darstellung der in DIN 4070 genormten Querschnitte.

Die Bearbeitung des Holzes erfolgt in ortsfesten, oder bei größerem Einschlag auch in „fliegenden“ Sägewerken zu Kantholz, Balken, Bretter bzw. Bohlen und Latten. Das sog. „Beschlagen des Holzes“ (Bewaldrechten) in roher Weise mit der Axt findet man heute nur noch beim ländlichen Bau in waldreichen Gebirgsgegenden Süddeutschlands; in Anbetracht der ganz seltenen Anwendung kommt dieser Bearbeitungsform keine praktische Bedeutung zu. Auch stellt sie zweifelsohne eine Verschwendung des Rohstoffes Holz dar.

Die Abmessungen sind in DIN 4070, 4071 und 4072 festgelegt und für Nadelschnittholz aus deutschem Einschnitt bindend, gemäß Verordnung zur Regelung der Abmessungen von Nadelschnittholz vom 14. Dezember 1938. Die in DIN 4070 genormten Querschnitte sind in Abb. 1 zeichnerisch aufgetragen. Außerdem sind die zur Herstellung notwendigen Durchmesser Klassen des Rundholzes für einstieligen Schnitt in Form von Kreisen, für Halbholzschnitt in Form von Ellipsen eingetragen [*11* e]. Bemerkt sei noch, daß die Klassen 1—6 der Heilbronner Sortierung sich in die Holzstärke einigermaßen mit den Kiefernklassen 1a bis 3b decken. Die Maße in DIN 4070 gelten für halbtrockenes (verladetrockenes) Holz in rauhem Zustand. Halbtrockenes Holz darf bei Querschnitten bis 200 cm² höchstens 30%, über 200 cm² höchstens 35% Feuchtigkeit, bezogen auf das Darrgewicht, enthalten. Diese Angabe entspricht „verladetrocken“ im handelsüblichen Sinne.

In DIN 4071 sind die Bretter, Borde oder Dielen von 10—40 mm Dicke und die Bohlen, Planken oder Pfosten von 45—100 mm Dicke genormt. Bemerkenswert ist, daß bei den Brettern leider zwei Zollmaße vertreten sind, der bodenständige bayerische Zoll zu 24 mm (in den der sächsische aufgegangen ist) — in Oberdeutschland üblich — und der englische Welthandelszoll zu 25,4 mm (aufgerundet auf 26 mm), der den rheinländischen Zoll aufgenommen hat, — Geltungsbereich Niederdeutschland. Die Maße in DIN 4071 — Bretter und Bohlen — gelten für lufttrockenes Holz — in handelsüblichem Sinne — in rauhem Zustand.

In DIN 4072 ist die Spundung von gehobelten und rauhen Brettern genormt.

Von den Bestimmungen der Verordnung zur Regelung der Abmessungen von Nadelschnittholz vom 14. Dezember 1938 werden hinsichtlich der Längenabmessungen bis auf weiteres ausgenommen Bretter, Bohlen und Latten, die nach Liste eingeschnitten werden. Ausnahmegenehmigungen für den Einschnitt abweichender Längen- und Dickenabmessungen werden nur in besonders dringlichen Fällen durch die Hauptgeschäftsstelle der Marktvereinigung der deutschen Forst- und Holzwirtschaft erteilt, wenn eindeutig nachgewiesen wird, daß sich bei den Abweichungen von den Bestimmungen der Verordnung eine Holzersparnis ergibt; dies kommt u. a. in Frage für Sonderabmessungen der Holztragwerke (*Ingenieurbauten*). Hierunter sind Holzbauten zu verstehen, bei denen die einzelnen Hölzer untereinander durch besondere Verbindungsmittel zu einem einheitlichen Tragwerk verbunden werden und die Abmessungen auf Grund statischen Nachweises gewählt sind.

Bei wichtigen Baugliedern ist das Holz im Herz zu Halbhölzern bzw. Kreuzhölzern aufzutrennen. Bei zusammengesetzten Baugliedern ist die Herzseite nach außen zu legen. Bei Biegeträgern soll das Herz nicht an der Zugseite liegen.

Nach den Gütebedingungen für Bauholz — DIN 4074 — werden bei vierseitig parallel geschnittenem Bauholz drei Schnittklassen unterschieden:

A. Scharfkantiges Bauholz,
B. Fehlkantiges Bauholz,
C. Sägegestreiftes Bauholz.

Die zugehörigen Bedingungen finden sich in der folgenden Zusammenstellung:

Zulässige Lage und Breite der Fehlkante		
Schnittklasse	Zahl der Fehlkanten in jedem Querschnitt	Größte zulässige Breite als Bruchteil der größten Querschnittsabmessung (schräg gemessen)
A. Scharfkantiges Bauholz	2	$^1/_8$
B. Fehlkantiges Bauholz	4	$^1/_3$ wobei in jedem Querschnitt mindestens $^1/_3$ jeder Querschnittsseite frei von Baumkante sein muß
C. Sägegestreiftes Bauholz	Dieses Bauholz muß an allen vier Seiten durchlaufend von der Säge gestreift sein	

Für Ingenieurholzbauten ist nur scharfkantiges Holz zu verwenden; dabei dürfen der Sitz und die Wirkung der Verbindungsmittel nicht durch Fehlkante beeinflußt werden.

Wenn aber heute vielfach auch für andere Zwecke scharfkantiges Holz verlangt wird, so ist diese Gepflogenheit unbedingt als falsch zu bezeichnen. Denn es liegt im volkswirtschaftlichen Interesse, das Rundholz soweit als möglich zu Kantholz zu verwenden, da die anfallenden Seitenbretter nur als Schal- oder Kistenbretter zu verwenden sind. Man sollte wieder dazu übergehen, für Bauholz nur fehlkantiges Holz zu verlangen. Hinzu kommt noch, daß — wenigstens für Fichtenholz — die unter der Rinde sitzenden Jahresringe das beste und härteste Holz bilden. Dies fällt beim scharfkantigen Schnitt fort und wandert in die Seitenbretter und Schwarten. Den alten Zimmerleuten war die abnehmende Festigkeit des Holzes nach dem Kern zu bekannt. In alten Bauwerken hat jeder Balken reichlich Baumkante. Da außerdem vielfach die Faserrichtung nicht durchaus mit der Stammrichtung parallel läuft, werden die Fasern in ihrer Längsrichtung zerstört. Was man durch die übliche Waldkante theoretisch an Trägheits- bzw. Widerstandsmoment verliert, gewinnt man durch die Güte der außen durchlaufenden, unverletzten Fasern. Zudem erstreckt sich die Kante — meist nur bedingt durch die natürliche Verjüngung des Stammes — auf ein Balkenende und nicht auf die ganze Länge des Stückes. Nach den neuesten Untersuchungen von Graf ist nachgewiesen, daß bei feuchtem Holz ein Einfluß der Baumkante nicht festzustellen war (vgl. [*11* i], S. 17—24).

Hinsichtlich der Feuchtigkeit des Holzes werden nach DIN 4074 folgende Trockenheitsgrade unterschieden:

1. Frisches Bauholz, ohne Begrenzung der Feuchtigkeit.

2. Halbtrockenes Bauholz, höchstens 30% Feuchtigkeit[1] bezogen auf das Darrgewicht.

3. Trockenes Bauholz, höchstens 20% Feuchtigkeit bezogen auf das Darrgewicht.

Das Holz darf halbtrocken eingebaut werden, jedoch so, daß es bald auf den trockenen Zustand für dauernd zurückgehen kann.

Das Ideal wäre, das Holz in dem Feuchtigkeitszustand zu verarbeiten, dem es später etwa im Mittel ausgesetzt ist, im Freien 16—18%, unter Dach 12—16%, in Sonderfällen (Kesselhäusern u. dgl.) 6%. Im Ingenieurholzbau kommt es sehr darauf an, welche Verbindungsmittel angewandt werden, da diese gegen die Einflüsse des Schwindens des Holzes sehr verschieden empfindlich sind. Alle Bolzen — auch bei Dübelverbindungen — sind entsprechend der fortschreitenden Austrocknung des Holzes mehrmals nachzuziehen, da die Verbindungen sonst erheblich an Tragfähigkeit verlieren. Geschieht dies nicht, so hängen z. B. verdübelte Balken sehr bald durch. Aus diesem Grunde ist es unerwünscht, die Tragwerke so zu verkleiden, daß die Bolzen nicht mehr zugänglich sind. Holz, das verleimt oder getränkt werden muß oder das unter Putz und Linoleumböden zu liegen kommt, sollte nicht mehr als etwa 16—18% Feuchtigkeit haben. Denn bei 18% ist die kritische Grenze für den Pilzbefall unterschritten.

Der Maßnormung mußte notwendig die Gütenormung folgen. Der erste Schritt in dieser Richtung bestand darin, daß die bereits aufgestellten Gütenormungen der einzelnen Handels- und Sägewerksverbände und die sehr zahlreichen und verschiedenartigen Holzhandelsgebräuche zusammengefaßt und einheitlich geordnet wurden. Wertvolle Vorarbeit war in dieser Hinsicht seit Jahren durch die Reichsverdingungsordnung (VOB), DIN 1969 und 1973, geleistet worden, die sich in immer weitere Kreise eingeführt und bewährt hat. Als Ergebnis sind die Gütebedingungen für die Tragfähigkeit der Bauhölzer in DIN 4074 festgelegt worden. Es werden drei Güteklassen unterschieden:

Güteklasse I: Bauholz mit besonders hoher Tragfähigkeit.
Güteklasse II: Bauholz mit gewöhnlicher Tragfähigkeit.
Güteklasse III: Bauholz mit geringer Tragfähigkeit.

Die Anforderungen an die Hölzer beziehen sich auf die allgemeine Beschaffenheit, die Schnittklasse, die Maßhaltigkeit, das Mindestraumgewicht, die Jahresringbreite, die Ästigkeit, den Faserverlauf und die Krümmung. Die zulässigen Spannungen für die Hölzer der drei Güteklassen sollen in DIN 1052 und 1074 festgelegt werden. Für Bauholz,

[1] Bei Hölzern mit Querschnitten über 200 cm² darf der mittlere Feuchtigkeitsgehalt höchstens 35% betragen.

Güteklasse I, mit besonders hoher Tragfähigkeit sollen erhöhte Spannungen zugelassen werden; dabei braucht nur der Teil der Länge, an dem die erhöhten Spannungen auftreten, der Güteklasse I zu entsprechen. Daraus geht schon hervor, daß man gar nicht daran denkt, ganze Bauwerke aus hochwertigem Holz zu errichten, sondern man wird Holz der Güteklasse I nur da verwenden, wo es technisch und wirtschaftlich unbedingt am Platze ist. Das gewöhnliche Bauholz soll der Güteklasse II entsprechen und folgende Eigenschaften aufweisen:

a) Allgemeine Beschaffenheit:

Unzulässig: braune Streifen, Bohrlöcher, Ringschäle.

Zulässig: Blitzrisse und Frostrisse in mäßiger Ausdehnung, ferner in der Breite bis zur Größe der zugelassenen Äste Rotfäule und Weißfäule bei trockenem Holz und bei Verwendung im Trockenen, außerdem bei Verwendung im Trockenen Bläue und harte rote Streifen, Wurm- und Käferfraß an der Oberfläche.

b) Schnittklasse:

Im allgemeinen mindestens fehlkantig, bei Holz für gegliederte Bauteile im Bereich der Anschlußmittel scharfkantig. Weiteres soll im DIN 1052 und 1074 festgelegt werden.

c) Sodann folgen die Bedingungen über die Maßhaltigkeit. Aus ungenauem Einschnitt herrührende Abweichungen von den vereinbarten Querschnittsmaßen nach unten sind im halbtrockenen Zustand zulässig bis zu 3% bei 10% der Menge.

d) Das Holz darf halbtrocken eingebaut werden, aber so, daß es bald auf den trockenen Zustand für dauernd zurückgehen kann. Im übrigen wird auf DIN 1052 und 1074 verwiesen.

e) Der Durchmesser des einzelnen Astes darf bis ein Drittel der Breite der Querschnittsseite, an der er sitzt, messen, jedoch nicht über 7 cm, die Summe der Astdurchmesser auf 15 cm Länge darf auf jeder Fläche bis zwei Drittel der Breite ausmachen.

f) Die größte Neigung der Faser zu den Längskanten sollte gemessen nach den Schwindrissen nicht über 1 : 5 sein und, wenn die Schwindrisse fehlen, gemessen nach den angeschnittenen Jahresringen 1 : 8 nicht übersteigen.

g) Bezüglich der Krümmung darf die zulässige Pfeilhöhe, bezogen auf 2 m Meßlänge an der Stelle der größten Krümmung, 8 mm betragen und 1/250 der Gesamtlänge l nicht überschreiten; letzteres gilt jedoch nur bei Hölzern für Druckglieder.

Bemerkt sei noch, daß Bauholz der Güteklasse III für Zugglieder nicht zulässig ist. —

Damit dürfte Vorsorge getroffen sein, daß die verhältnismäßig geringen Mengen an hochwertigem Holz, die uns — und zwar noch auf viele Jahrzehnte hinaus — zur Verfügung stehen, auch nur dort verwendet werden, wo ihre Vorzüge erforderlich sind und zur Geltung kommen. Die oft sinnlos überschraubten Güteansprüche, denen meist nur amerikanisches Holz zu entsprechen vermag, müssen aufhören. Bemerkt sei noch, daß deutsches Holz dem amerikanischen unbedingt gleichwertig ist, und daß die vielgepriesenen Vorzüge des amerikanischen Holzes im wesentlichen daher kommen, daß wir von Amerika nur allerbestes Holz bekommen, während wir uns bei deutschem Holz mit mittleren Güten begnügen müssen. Wo ein ästiges Holz die gleichen Dienste tut wie ein astreines, *muß* ästiges Holz verwandt werden. Für normale Verwendung ist möglichst astfreie Ware nicht erforderlich; es fehlen aber z. B. in der VOB die Gütebestimmungen für diese normale Ware, die nachgeholt werden müssen.

II. Die Grundlagen der Festigkeitsberechnung[1].

A. Allgemeines.

Das Holz ist ein Naturerzeugnis und nach seinem anatomischen Aufbau kein homogener Baustoff. Es ist zu vergleichen mit einem Röhrenbündel, bei dem die einzelnen Röhren parallel dem Herz des Stammes ringförmig angeordnet sind (Jahrringe) und deren Querschnitt und Wanddicke jeweils verschieden ist (Frühholz — Spätholz). Die Festigkeiten des Holzes sind von den Wachstumsverhältnissen abhängig: Klima, Bodenbeschaffenheit, Besonnung, Wind, Dichte des Bestandes; sie werden ferner weitgehend beeinflußt durch Holzkrankheiten und Wuchsfehler (Äste, Harzgallen, einseitiger Wuchs, Drehwuchs), Alter des Holzes bei der Fällung und bei der Benutzung und besonders durch den Feuchtigkeitsgehalt. Es schwankt nicht nur die Durchschnittsfestigkeit der einzelnen Stämme eines Bestandes, sie nimmt auch bei dem gleichen Stamm vom Stammende nach der Spitze zu ab. Innerhalb eines Querschnittes findet man — wie schon oben betont — durchweg die geringste Festigkeit im Herz. Eine Ausnahme davon macht nur das Holz, das — nicht künstlich gezüchtet — in seiner Jugend im Urwald sehr langsam gewachsen ist. Eine Beeinflussung durch den Waldbesitzer ist nur in beschränktem Maße möglich. (Enge Pflanzung, zweckmäßige Durchforstung, Entastung.) Der Verbraucher ist kaum in der Lage, die Festigkeitseigenschaften mit einfachen Mitteln nennenswert zu verbessern. Im Holzbau liegen somit die Verhältnisse nicht so einfach wie im Stahl- oder Betonbau, wo man bei entsprechender Wahl der Baustoffe mit ganz bestimmten Festigkeiten rechnen kann, die nur in sehr geringen Grenzen schwanken, oder wo der Ausführende z. B. durch Wahl des Mischungsverhältnisses, entsprechenden Wasserzusatz die Festlegung der Festig-

[1] Siehe im Schrifttum-Verzeichnis am Schluß des Buches unter [*1*], [*2*], [*3*], [*4*].

keiten in der Hand hat. Andererseits ist bei Holz im Gegensatz zu Stahl und Zement der erfahrene Fachmann imstande, mit Auge, Gehör und Geruch eine gewisse Prüfung vorzunehmen. Je enger die Jahrringe sind und je größer vor allen Dingen der Anteil des dunkler gefärbten Spätholzes gegenüber dem helleren Frühholz ist, um so höher ist die Güte des Holzes zu bewerten. Nur Engringigkeit vor allem im Herz ist ein Kennzeichen für gute Tischlerware (Astreinheit der Stammenden auf eine Länge von 6—8 m). Gesundes, trockenes Holz ist ein guter Schalleiter, besonders in der Faserrichtung. Fehlstellen im Innern, die nicht mit dem Auge festzustellen sind, sind durch dumpfen Klang erkennbar. Gleichlaufend mit dem größeren Anteil an Spätholz geht auch das höhere Raumgewicht. Schon PLINIUS hat die Vermutung ausgesprochen, daß das Raumgewicht als Maß der Festigkeit dienen könne. Dies ist auch von vielen Forschern bestätigt worden. So macht BAUMANN dementsprechend eine Unterteilung in „*gering*, *gut* und *mittel*". Bezüglich der Druckfestigkeit ist eine gradlinige Abhängigkeit vorhanden, jedoch nicht so, daß man diese aus dem Raumgewicht berechnen könnte. Auch der Einfluß des Raumgewichts auf die Zugfestigkeit ist nach BAUMANN nicht der gleiche wie auf die Druckfestigkeit, auf die Biegungsfestigkeit und auf die Dehnungszahl [*1*][1]. Im allgemeinen steigt das Verhältnis Zugfestigkeit: Druckfestigkeit mit steigendem Raumgewicht. Der Einfluß der Feuchtigkeit macht sich besonders bei der Druckfestigkeit bemerkbar. Dieser Zusammenhang ist durch die Versuche verschiedener Forscher weitgehend geklärt (Abb. 2 [*2*] — ergänzt —). Mit zunehmender Feuchtigkeit nimmt die Druckfestigkeit ab und bleibt etwa von 30% (Fasersättigungspunkt) fast unverändert. Bis zu diesem Punkte sind die Wandungen der Holzzellen mit Quellwasser gesättigt — ähnlich wie eine Leimtafel. Bei weiterer Wasserzufuhr füllen sich auch die Hohlräume mit freiem Wasser, ohne daß dadurch jedoch die Festigkeit des Holzes beeinflußt wird. Als Vergleichsgrundlage wurde eine Feuchtigkeit von 17% gewählt, weil diesem Zustand die größte praktische Bedeutung zukommt (Ableitung der zulässigen Spannungen).

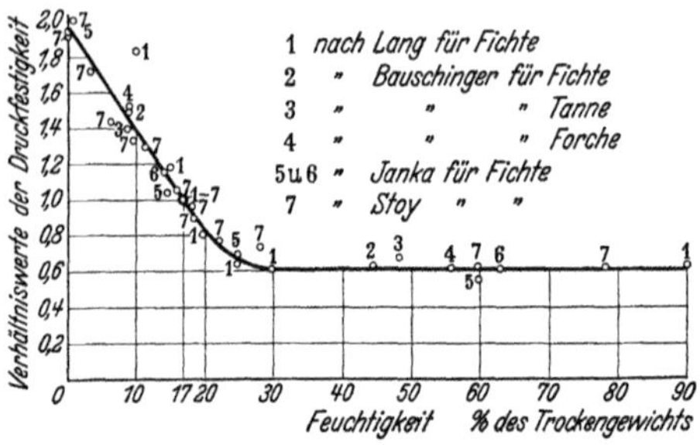

Abb. 2. Feuchtigkeitsgehalt und Druckfestigkeit von Nadelholz parallel zur Faser (nach Seitz — ergänzt).

[1] Die in Klammern stehenden schrägen Hinweiszahlen [*1*] beziehen sich auf das Schrifttum-Verzeichnis am Schluß des Buches.

Die Festigkeit des Holzes wird weiterhin beeinflußt bei gleichbleibendem Feuchtigkeitsgehalt durch den Zeitraum, der seit dem Fällen verstrichen ist. So stellte schon BAUSCHINGER eine Zunahme der Druckfestigkeit nach 5 Jahren um $^1/_6$ bis $^1/_3$ der nach 3 Monaten beobachteten fest. Dasselbe trifft zu bei anderen Forschern für die übrigen Festigkeitseigenschaften. Abb. 3 zeigt einige Versuchsergebnisse des Verfassers mit Sollingfichtenholz. Leider ist dieser Einfluß in den meisten Beobachtungen allgemein mit enthalten, ohne daß er zahlenmäßig erfaßt ist.

Die im Schrifttum wiedergegebenen Zahlen über Festigkeitswerte sind durchweg ermittelt aus Versuchen mit verhältnismäßig kleinen Probekörpern ohne irgendwelche äußeren Fehler; sie stellen somit *Höchstwerte* dar, die im ganzen Querschnitt bzw. Stamm nie erreicht werden. In den nachfolgenden Erörterungen sind auch die neueren Versuche mitberücksichtigt, die die Deutsche Reichsbahn 1927 und 1928 an der Materialprüfungsanstalt der Technischen Hochschule Stuttgart unter Leitung von Prof. O. GRAF hat durchführen lassen[1]. Das Holz, das aus Ostpreußen, Thüringen und Württemberg beschafft war, wurde in den Abmessungen — wassersatt mit 35 bis 100% Feuchtigkeit bzw. lufttrocken mit 10—15% Feuchtigkeit — geprüft, wie sie auf der Baustelle vorkommen. Besondere Beachtung ist den neuesten Untersuchungen von GRAF geschenkt, die die Grundlagen für die Beurteilung der Hölzer nach Güteklassen und für die Festlegung der zulässigen Beanspruchungen bilden [*11*f], und den Ergebnissen von Dauerversuchen mit Holzverbindungen an der Materialprüfungsanstalt Stuttgart, die mit ihrem wichtigsten Teil 1932 aufgenommen und im Sommer 1937 mit den vorläufig vorgesehenen Umfang beendigt waren [*11*h].

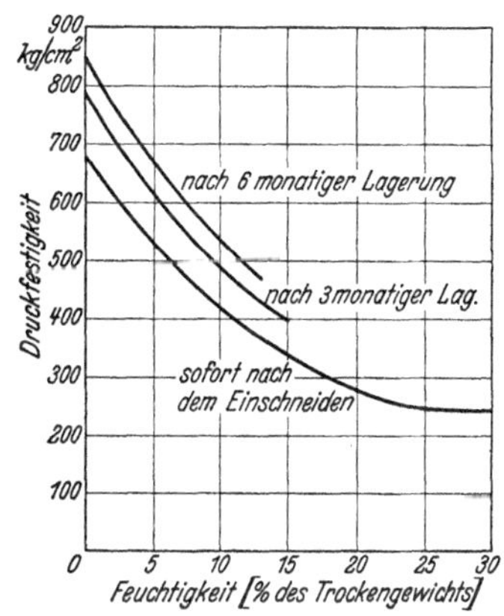

Abb. 3. Druckfestigkeit von Fichtenholz in Abhängigkeit von der Zeit nach dem Einschneiden.

B. Festigkeitszahlen und zulässige Beanspruchungen.

1. Druckfestigkeit.

a) In der Faserrichtung.

Bei der Prüfung von Probekörpern, die meist quadratischen — seltener kreisförmigen — Querschnitt haben, tritt die Zerstörung dadurch ein, daß die Zellwände der Fasern in die Hohlräume ausknicken, ohne daß vorher

[1] SCHÄCHTERLE, K.: Bautechn. 7 (1929) S. 99 u. 203.

eine deutlich erkennbare Querdehnung festzustellen ist. Dieses Ausknicken nimmt von da aus seinen Anfang, wo irgendeine geringe Unregelmäßigkeit im Aufbau — äußerlich meist nicht zu erkennen — vorhanden ist oder geht von der oberen oder unteren Druckfläche aus. Die Längsdruckfestigkeit ist in der Hauptsache gleichzusetzen der Festigkeit des Spätholzanteils der Jahrringe; Proportionalitäts- und Quetschgrenze liegen sehr hoch. $\sigma_P = \sigma_S \approx 0{,}8\,\sigma_{-B}$. Nach Erreichung der Höchstlast sinkt mit weiterer Belastung die Kraftanzeige zunehmend ab. Vielfach bilden sich dann noch trichterförmige Rutschebenen. SEITZ [*2*] hat die *mittlere Druckfestigkeit* aus der großen Zahl der vorliegenden Versuchs-

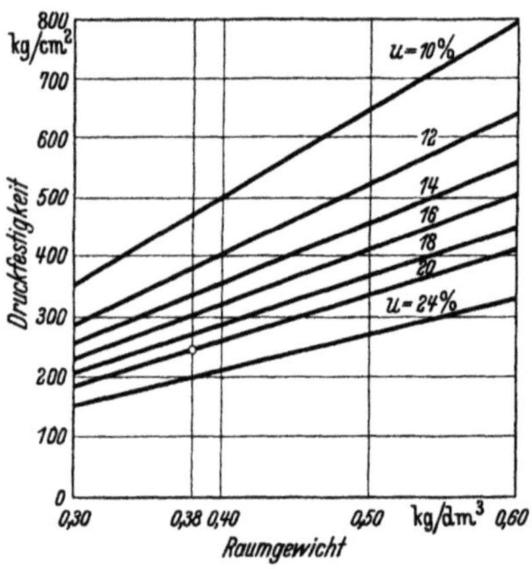

Abb. 4. Fichtenholz.

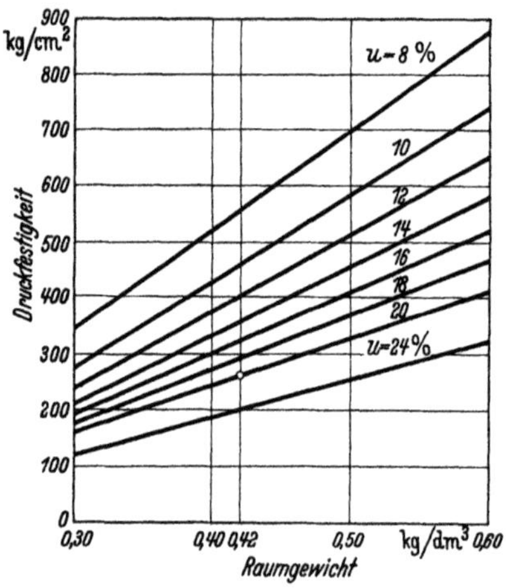

Abb. 5. Kiefernholz.

Abb. 4 u. 5. Zusammenfassende Angaben über die Druckfestigkeit von Fichten- und Kiefernholz in Abhängigkeit vom Gewicht und vom Feuchtigkeitsgehalt.

ergebnisse für Nadelholz bei 17% Feuchtigkeit zu 320—350 kg/cm² ermittelt. [K. SCHÄCHTERLE, Bautechn. 5 (1927) S. 84 empfiehlt von einer „*Normalqualität*" auszugehen und bezeichnet als solche 220—380 kg/cm² Druckfestigkeit.] Er fordert für diesen Mittelwert eine 3—4fache Sicherheit und gegenüber vereinzelt beobachteten, besonders niedrigen Festigkeiten eine 2fache; er kommt damit zu einer zulässigen Druckspannung von 90 kg/cm². Im allgemeinen beträgt die Druckfestigkeit längerer Stücke — die Säulenfestigkeit — 0,8 bis 0,9 der Würfelfestigkeit. Die Beziehungen der Druckfestigkeit zum Gewicht und zum Feuchtigkeitsgehalt der Hölzer hat EGNER nach Angaben von SEEGER [*12*] für Fichtenholz in Abb. 4 [*11*f] und für Kiefernholz in Abb. 5 [*11*f] dargestellt. Dazu hat GRAF für Bauholz der Güteklasse I die Forderung aufgestellt, daß Fichtenholz mindestens 0,38 kg/dm³ und Kiefernholz mindestens 0,42 kg/dm³ in lufttrockenem Zustande wiegt.

Außer dem Gewicht und dem Feuchtigkeitsgehalt spielen Faserverlauf und Ästigkeit eine große Rolle. An und für sich sind die Äste durchweg weit härter als das gerade gewachsene Holz, aber sie erzeugen eine erhebliche Unregelmäßigkeit im Aufbau und damit eine Abminderung der Festigkeit des Holzes. In beiden Fällen war der Einfluß nach den Versuchen von GRAF kleiner als nach den amerikanischen Feststellungen, die zum Vergleich herangezogen wurden. Abb. 6 [*11* f] zeigt die Druckfestigkeit von Fichtenholz in Abhängigkeit vom Faserverlauf und Abb. 7 [*11* f] die Druckfestigkeit von Fichten- und Kiefernholz in Abhängigkeit von der Astgröße, ermittelt an großen Stücken. Es sei noch darauf hingewiesen, daß baufrisches Holz bescheidene Festigkeit besitzt, und daß deshalb der Einfluß der Äste besonders aufmerksam zu beachten ist. Zu beachten ist ferner, daß die Druckfestigkeit der Hölzer

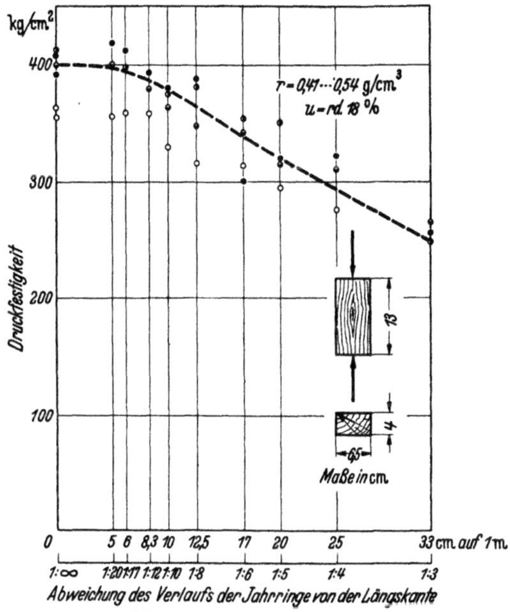

Abb. 6. Druckfestigkeit von Fichtenholz in Abhängigkeit vom Faserverlauf.

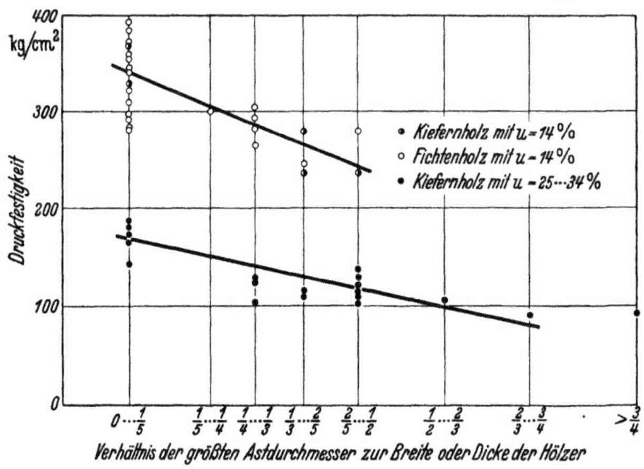

Abb. 7. Druckfestigkeit von Fichten- und Kiefernholz in Abhängigkeit von der Astgröße.

unter lang dauernder und oftmals wiederholter Last noch erheblich kleiner ist als beim reinen Druckversuch. In gleicher Weise liegt die

Druckfestigkeit von Holzstücken mit großem Querschnitt etwas unter dem, was bei kleinen Versuchskörpern zu erwarten ist. In DIN 1052 ist die zulässige Druckspannung für Nadelholz — ohne Unterschied ob Fichte, Kiefer oder Tanne — zu 80 kg/cm² festgelegt. Für Laubholz — Eiche und Buche — gelten 100 kg/cm² als zulässig. Im allgemeinen ist zwar die mittlere Druckfestigkeit — wenigstens für Eiche — nicht größer als für Nadelholz aber trotzdem erscheint dieser Wert berechtigt, weil Laubholz praktisch nur in kleinen Stücken im Bauwesen zur Verwendung gelangt, wodurch Holz mit groben Ästen und unregelmäßigem Wuchs ausgeschaltet werden kann. Eiche wird in der Regel überschätzt. Junge Eiche (bis zu 30 Jahre alt) scheint — nach Baumann — weit zäher und fester zu sein als Holz von älter gewordenen Bäumen. Im ganzen hat die Erfahrung gelehrt, daß bei einer neueren Festsetzung der zulässigen Anstrengungen die bisherigen Grenzwerte der zulässigen Druckspannung für lufttrockenes Holz der Güteklasse II bestehen bleiben können, und daß für Güteklasse I höhere Anstrengungen zulässig sind. Für trockenes Holz der Güteklasse I soll nach dem derzeitigen Stand der Verhandlungen im deutschen Normenausschuß eine Erhöhung bei Nadelholz auf 105 kg/cm² stattfinden, entsprechend für Güteklasse III eine Ermäßigung auf 60 kg/cm², wobei als zulässige Beanspruchung für Güteklasse II nicht 80, sondern 85 kg/cm² vorgeschlagen ist.

b) Druckfestigkeit quer zur Faserrichtung.

Quer zur Faser ergeben sich ganz andere Zerstörungserscheinungen als bei Druck längs zur Faser. Die Querdruckfestigkeit ist in der Hauptsache die Festigkeit des lockeren Frühholzanteils am Jahrring. Das Spätholz, das den Wert der Längsdruckfestigkeit bestimmt, besitzt bei Querdruck eine lastverteilende Funktion. Beim Versuch bleibt die Kraftanzeige lange auf ihrem höchsten Stande stehen. Die Bedeutung dieser Beanspruchung wurde zuerst im Lehrgerüstbau erkannt. Hier unterscheiden sich Laubholz und Nadelholz ganz erheblich. Bei voll belastetem Querschnitt (Würfelproben) ist die Druckfestigkeit quer zur Faser bei Nadelholz etwa ein Siebentel bis ein Zehntel der längs zur Faser, bei Laubholz aber ein Drittel bis ein Fünftel. Von erheblichem Einfluß ist auch der Winkel zwischen Druckrichtung und Jahrring. Die höchsten Werte ergeben sich bei Belastung tangential zu den Jahrringen (Winkel 0°), geringere radial (Winkel 90°) und die geringsten dazwischen bei einem Winkel von etwa 45°. Die harten Spätholzringe bilden mehr oder weniger Gleitebenen, auf denen der Probekörper gewissermaßen abrutscht. Bei Laubhölzern ist dieser Unterschied weniger ausgeprägt zu beobachten. Praktisch wird man jedoch mit Mittelwerten zu rechnen haben, da in ein und derselben Druckfläche der eine Teil radial, der andere tangential belastet zu werden pflegt. Abb. 8 zeigt die Versuchsergebnisse für Gotthardtanne, wobei gleichzeitig die Biegungs- und Zugfestigkeit mit aufgetragen sind [*1*].

In Wirklichkeit liegen aber die Verhältnisse so, daß das quer zur Faser gedrückte Holz auf eine größere Länge durchläuft (Schwelle) und vielfach senkrecht dazu nur zum Teil belastet wird (Stempeldruck) (Abb. 9 und 10). Die Holzfasern sind in der Längsrichtung stark miteinander „verfilzt", so daß sie gewebeartig elastisch wirken. Nach den Versuchen von Graf muß der Druck je Flächeneinheit zur Erzielung der gleichen Einpressung um so größer sein, je kleiner die Fläche ist. Die Unterscheidung von Schwellendruck und Stempeldruck, für die ursprünglich in dem Entwurf von DIN 1052 verschiedene zulässige Beanspruchungen vorgesehen waren, ist wieder fallengelassen worden. Denn nach den Versuchen von Graf ist sie in den niedrigsten Laststufen kaum wahrnehmbar und macht innerhalb der Grenzen der zulässigen Belastung etwa 10% aus. Die an der Stempeldruckfläche vorbeilaufenden Faserbündel geben den benachbarten Fasern nur wenig Halt; infolge des geringen Zusammenhaltes der einzelnen Faser in der Querrichtung tritt schon bei geringer Zusammendrückung ein Abscheren ein. Bei Bemessung der zulässigen Spannung ist in Betracht zu ziehen, daß hier die Größe der Formänderung entscheidend sein muß, um so mehr als die Druckfestigkeit quer zur Faser kein eindeutiger Begriff ist. Ein Bruch tritt nicht auf; die Zellwände legen sich aufeinander, nachdem sie ausgeknickt sind, ohne jedoch zu zerreißen. Es tritt dann eine deutlich ausgeprägte Wiederverfestigung auf, so daß die Verformungsgeschwindigkeit mit steigender Last fällt. Bei Überbeanspruchung des Holzes treten bei sonst richtiger Konstruktion keine schwerwiegenden Folgen ein. Auch machen hier Äste und unregelmäßiger Faserverlauf das Holz widerstandsfähiger — genau im Gegensatz zu der Beanspruchung längs der Faser. Bei den in DIN 1052 zugelassenen Spannungen von 20 bzw. 30 kg/cm² für Nadelholz muß man mit Zusammenpressungen von 1—2 mm bzw. 2—5 mm rechnen. Bei Lehrgerüsten massiver

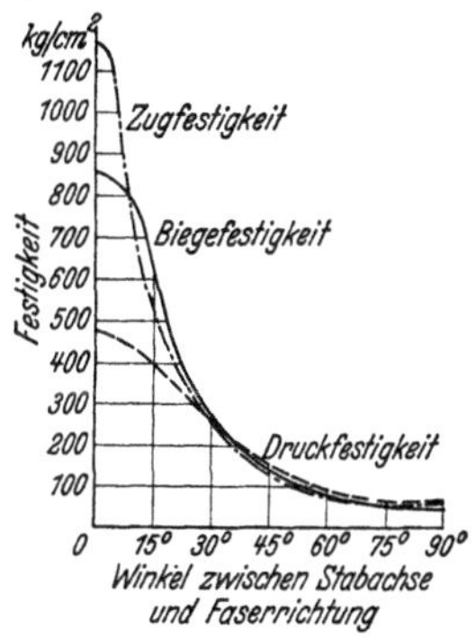

Abb. 8. Abhängigkeit der Druck-, Zug- und Biegungsfestigkeit von der Faserrichtung (nach Baumann).

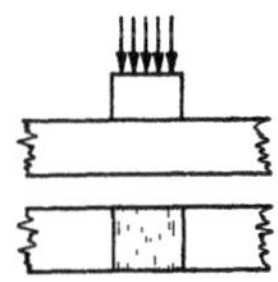
Abb. 9. Schwellendruck.

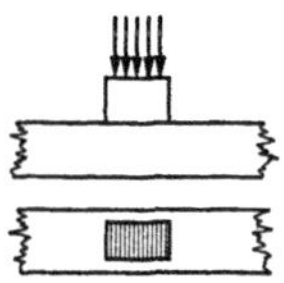
Abb. 10. Stempeldruck.

Brücken sind nach DIN 1074 allgemein nur 20 kg/cm² zulässig. Hier konnten auch die umfangreichen praktischen Erfahrungen mitberücksichtigt werden. Die zulässigen Belastungen schräg zur Faser sind in DIN 1052 entsprechend Abb. 8 und auf Grund der oben angeführten Tatsachen demnach zwischen 20 bzw. 30 kg/cm² und 80 kg/cm² für Nadelholz und zwischen 40 bzw. 50 kg/cm² und 100 kg/cm² für Eiche und Buche interpoliert. Der deutsche Normenausschuß hat eine Ermäßigung der Werte für Eiche und Buche um je 10 kg/cm² vorgeschlagen, also 30 bzw. 40 kg/cm², für Nadelholz hat er den unteren Wert von 20 kg/cm² bestehen gelassen, dagegen den Wert von 30 kg/cm² auf 25 kg/cm² herabgesetzt.

2. Zugfestigkeit.

Weit weniger als die Druckfestigkeit ist die Zugfestigkeit erforscht. Das mag zum Teil daran liegen, daß die Herstellung und Prüfung entsprechender Probekörper sehr zeitraubend und teuer ist. Die obere Grenze des Querschnittes großer Probekörper liegt bei etwa 60 cm². Neuere Versuche haben gezeigt, daß die Zugfestigkeit des Holzes in erheblichem Maße von der Gestalt der Probekörper abhängen kann.

Bei der Zugfestigkeit tritt die Unregelmäßigkeit im Bau des Holzes noch auffallender in die Erscheinung. Entsprechend der Druckfestigkeit ist neben der Breite der Jahrringe der Anteil des Spätholzes von ausschlaggebender Bedeutung. BAUMANN fand bei kleinen Stäbchen aus Spätholz allein (Oregonpine) Zugfestigkeiten bis zu fast $\sigma_B = 5000$ kg/cm², während dickere Stäbe aus dem gleichen Holz nur etwa 1100—1200 kg/cm² ergaben. Das Frühholz reißt eben früher als das Spätholz, so daß die Festigkeiten der Frühholz- und Spätholzzonen sich nicht addieren lassen. Ein gutes Kennzeichen für hohe Zugfestigkeit ist ein langfaseriger Bruch, während geringwertiges Holz ziemlich kurz abreißt. BAUMANN unterteilt auch hier wieder entsprechend dem Raumgewicht in „geringwertig, gut und mittel". Der Einfluß der Ästigkeit und der Wuchsfehler tritt ebenfalls stärker in die Erscheinung als bei der Druckfestigkeit. Die von GRAF mitgeteilten Festigkeitswerte [*11* f] sind bedeutend kleiner als die in den technischen Handbüchern meist angegebenen Zahlen. Jede Krümmung oder Welligkeit, die z. B. durch benachbarte, aber am Stab nicht mehr vorhandene Äste verursacht wird, genügt, um die Bruchfestigkeit bis auf ein Viertel ihres normalen Wertes herabzusetzen [*3*]. Nach den Stuttgarter Versuchen beträgt die Zugfestigkeit am Zopfende nur rund 70% der am Stammende. Die Feuchtigkeit dagegen wirkt sich nicht so stark aus wie bei der Druckfestigkeit (Abminderung um etwa 30% vom nassen zum lufttrockenen Zustand); das hängt vermutlich mit der geringeren Feuchtigkeitsaufnahme des dichteren Spätholzes zusammen. Wird jedoch der Feuchtigkeitsgehalt von etwa

10% unterschritten, so geht die Zugfestigkeit wieder zurück[1]. Die von den einzelnen Forschern gefundenen Mittelwerte der Zugfestigkeit schwanken innerhalb sehr weiter Grenzen. Als Mittelwerte sieht SEITZ 500—700 kg/cm² an (SCHÄCHTERLE bezeichnet 400—600 kg/cm² als „Normalqualität"). DIN 1052 läßt für Nadelholz 90 kg/cm² zu; es ist jedoch allgemein empfehlenswert, bei Zugquerschnitten nicht bis an die äußerste Grenze zu gehen. Reißt z. B. der Untergurt eines Fachwerkbalkenträgers, so ist damit durchweg der Einsturz des ganzen Bauwerkes verbunden; knickt dagegen der Obergurt aus, so hat dies im Anfang meist nur eine starke Verformung des ganzen Binders zur Folge. Verschwächungen durch Versatz, Bolzen- und Dübellöcher sind zu berücksichtigen, solche, durch die eine Außermittigkeit des Kraftangriffes hervorgerufen wird, sind besonders zu beachten. Der Zuschlag zum nutzbaren Querschnitt beträgt je nach den Verhältnissen 25—50%; der untere Wert gilt für größere, der obere für kleinere Querschnitte. Der deutsche Normenausschuß hat für die 3. Ausgabe von DIN 1052 vorgeschlagen, die zulässige Spannung für Holz Güteklasse II von 90 auf 85 kg/cm² herabzusetzen.

In Zuggliedern sind die schwächsten Stellen an den Knotenpunkten, wo die größte Schwächung durch Dübeleinschnitte usw. vorliegt. Hier treten besonders in den Laschen Biegungsbeanspruchungen auf, die im allgemeinen rechnerisch nicht erfaßt werden. GRAF hat durch Versuch festgestellt [*1*], daß u. U. in den äußeren Fasern der Laschen Druckspannungen herrschen. Rechnet man der Einfachheit halber so, d. h. setzt man nur Zugbeanspruchungen voraus, so ist es nach GRAF zweifelhaft, ob mit Laschen aus Bauholz — ob Güteklasse I oder II — Zugfestigkeiten über 220 kg/cm² erreichbar sind. Bei Dübelverbindungen wird die Zerstörung eingeleitet durch Überwindung der Scherfestigkeit; es folgen dann örtliche Zugbrüche [*11*f]. In den Mittelhölzern großer Laschenverbindungen wurden höhere Zugfestigkeiten erreicht. GRAF hält eine Erhöhung der zulässigen Beanspruchung für Bauholz Güteklasse I in mittig angeschlossenen Stäben nur bis 105 kg/cm² für zulässig; die Verwendung von Holz Güteklasse III für Zugstäbe soll ausgeschlossen sein. Die Dicke der Laschen zusammen muß erheblich größer gemacht werden als die Dicke der Mittelhölzer, d. h. die zulässige Zuganstrengung der Laschen ist kleiner als im Mittelholz zu wählen. GRAF empfiehlt vorläufig eine Begrenzung auf 0,6—0,7 σ_{zul}, wobei der kleinere Wert für die einreihigen Dübelverbindungen gilt.

Die Zugfestigkeit senkrecht zur Faser ist bei Nadelholz nur etwa

---

[1] Ähnliche Beobachtungen sind auch bei der Scher- und Spaltfestigkeit gemacht worden.

2—5% derjenigen längs der Faser (Abb. 8); bei Eichenholz steigt der Wert auf 10—20%. Ihr kommt keine praktische Bedeutung zu, da eine Zugspannung senkrecht zur Faser mit Rücksicht auf die zu erwartenden Schwindrisse nicht zulässig erscheint. Bisweilen liegen auch *scheinbare* Zugspannungen schräg zur Faser vor, die sich aber in Wirklichkeit in rötliche Druckspannungen umsetzen und daher belanglos sind (Knotenpunkt Abb. 11).

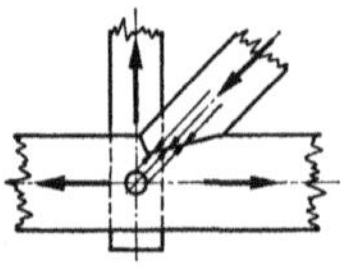

Abb. 11. Scheinbare Zugwirkung senkrecht zur Faser (nach Seitz).

3. Biegungsfestigkeit.

Die Voraussetzungen der NAVIERschen Biegeformel treffen mit guter Annäherung bei Holz nur bei geringen Belastungen zu. Bei größerer Beanspruchung verschieben sich die Verhältnisse derartig, daß die wirkliche Druckspannung am Rande unter der errechneten bleibt, bei der Zugspannung sich aber das entgegengesetzte Bild zeigt. Die wirkliche Nulllinie wandert nach der Zugseite (Abb. 12). Die beim Bruch errechnete Biegefestigkeit ist etwa 1,4—2 mal so groß als die Druckfestigkeit und mit wenigen Ausnahmen niedriger als die Zugfestigkeit. Nach den Stuttgarter Versuchen verursachen Äste und Wuchsfehler in der Nähe der größten Momente und der größten Randspannungen Abminderungen bis zu 50%. Auch der Einfluß der Feuchtigkeit ist recht beträchtlich und etwa gleich dem bei der Zugfestigkeit. Beim Bruch knicken zuerst die äußersten Druckfasern in feinen wellenförmigen Linien aus oder bilden Falten. Die Höhe des wirksamen Querschnittes verringert sich, und dann tritt die Zerstörung durch Zerreißen der Zugfasern ein. Bei ausgewähltem Bauholz ist wegen der Formänderung der Druckwiderstand maßgebend. Bei schrägfaserigem und astigem Holz ist hingegen die Zugfestigkeit der Zugzone ausschlaggebend. Abb. 13 [*11*f] zeigt, wie mit

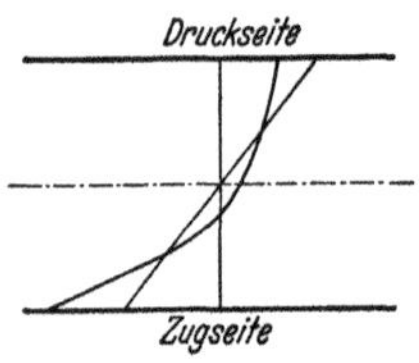

Abb. 12. Spannungsverteilung bei Biegung.

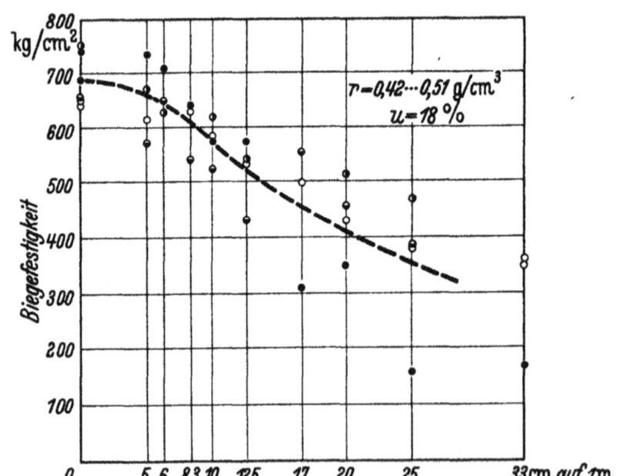

Abb. 13. Biegefestigkeit von Fichtenholz in Abhängigkeit vom Faserverlauf.

zunehmender Neigung der Fasern im praktischen Bereich die Biegefestigkeit von Fichtenholz stark abnimmt. Daß ferner die Astlage eine erhebliche Rolle spielt, ist ohne weiteres verständlich, besonders wenn es sich um angeschnittene Äste in der Zugzone handelt. SCHÄCHTERLE bezeichnet als „Normalqualität“ Holz mit einer Biegefestigkeit von 350 bis 550 kg/cm², im Mittel 450 kg/cm². In DIN 1052 ist die zulässige Spannung auf 100 kg/cm² festgelegt. Um auch im Wohnungsbau Holz mit gewissen Wuchsmängeln (stark ästig usw.) verwenden zu dürfen, ist hier der Wert auf 90 kg/cm² herabgesetzt. Hervorzuheben ist noch, daß die Biegefestigkeit bei langdauernder ruhender Last etwa die Hälfte der in üblicher Weise ermittelten Biegefestigkeit beträgt. Abb. 14 [*11*f] zeigt die Biegefestigkeit von Holzbalken in Abhängigkeit von der Dauer

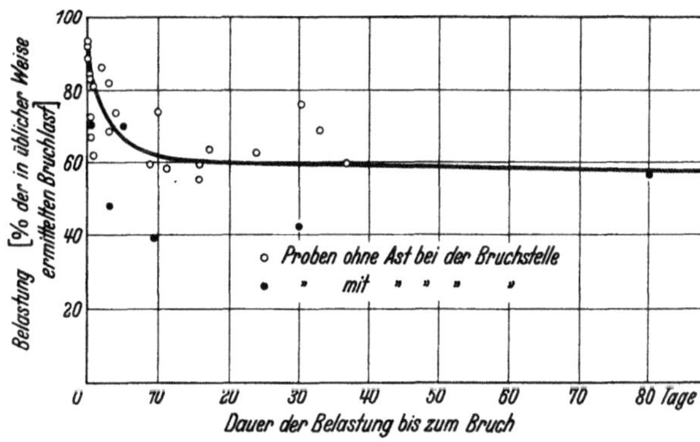

Abb. 14. Biegefestigkeit von Holzbalken in Abhängigkeit von der Dauer der Belastung.

der Belastung. Kehrt die Last ganz oder teilweise oftmals wieder, so sinkt die Tragfähigkeit noch weiter, abhängig von dem Anteil der bewegten Last an der Gesamtlast. Die heute zulässige Biegungsbeanspruchung von 100 kg/cm² ist für Bauholz der Güteklasse II angemessen. Für Güteklasse I hat der deutsche Normenausschuß vorläufig 130 kg/cm² vorgeschlagen, für Güteklasse III nur 70 kg/cm². Durch diese weitgehende Unterteilung wird die Sonderbestimmung für Holz im Wohnungsbau überflüssig. Für durchlaufende Träger ist eine um 10 kg/cm² höhere Beanspruchung vorgesehen. In vielen Fällen ist bei auf Biegung beanspruchten Balken nicht die zulässige Biegungsspannung für die Bemessung maßgebend, sondern die zulässige Durchbiegung. Diese darf z. B. bei Deckenbalken unter der ständigen Last und der Nutzlast nach DIN 1052 $^1/_{300}$ der Stützweite nicht überschreiten. Bei einem frei aufliegenden Balken mit gleichmäßig verteilter Last darf dann das Verhältnis der Stützweite zur Querschnittshöhe bei einer zulässigen Biegungsspannung von 100 bzw. 90 kg/cm² höchstens 16 bzw. 17,8 sein. Für kurze, schwer belastete Balken und zusammengesetzte Querschnitte ist aber unter Umständen die zulässige Schubspannung von ausschlaggebender Bedeutung. Bei der *Durchbiegung* spielt die *Größe* des **Elastizitätsmoduls** eine Rolle, ebenso bei der weiter unten behandelten Knickfestigkeit und bei der Berechnung statisch unbestimmter Konstruktionen. Die Größe schwankt entsprechend der Güte des Holzes (Raumgewicht) innerhalb sehr weiter Grenzen. Nach den Stuttgarter Versuchen beträgt der durchschnittliche Elastizitätsmodul von nassem Holz etwa 80% des von trockenem, er nimmt bei nassem Holz mit zunehmender Beanspruchung mehr ab (von 118000 auf 108000) als bei trockenem (von 139000 auf 133000). Mit Rücksicht auf die Unregelmäßigkeit im Wachstum des Holzes erscheint der in DIN 1052 angegebene Wert von $E = 100000$ kg/cm² für Nadelholz zutreffend, um so mehr als die TETMAJERschen Knickversuche für $\lambda = 100$ bei diesem Zahlenwert eine gute Übereinstimmung mit der EULERschen Knickformel zeigen.

Der Elastizitätsmodul quer zur Faser ist nach BAUMANN bis zu ein Fünfzigstel des entsprechenden längs zur Faser.

4. Scherfestigkeit.

Bei Scherversuchen sind örtliche Verdrückungen und zulässige Biegungsbeanspruchungen ähnlich wie im Betonbau nicht ganz auszuschalten. Auch die Form der Probekörper ist umstritten. Die einwandfreiesten Versuchsergebnisse werden dann gefunden, wenn Scherfläche und Kraftwirkung parallel zur Faser verlaufen. SEITZ nimmt bei ungünstigster Stellung der Jahrringe die Scherfestigkeit im Mittel zu 60 kg/cm² an, SCHÄCHTERLE führt als unteren Wert 45, als oberen 75 kg/cm² an. Bei fünffacher Sicherheit ergibt sich dann eine zulässige Scherspannung von 12 kg/cm² (DIN 1052). Dieser Wert sollte bei Versatz am Ende eines Stabes bei Scherlängen unter 15 cm mit Rücksicht auf die möglichen Schwindrisse noch herabgesetzt werden. Es empfiehlt sich ganz allgemein, die Scherspannungen möglichst nicht voll auszunutzen, vor allem nicht an den wichtigsten Punkten (Auflagern, Stoßlaschen). Denn die Scherfestigkeit nach der Normenprüfung ist wesentlich größer als die Scherfestigkeit, die in großen Bauwerken maßgebend wird. Mit zunehmender Länge nimmt die Scherfestigkeit erheblich ab. Umfangreiche Versuche mit Dübelverbindungen haben gezeigt, daß es notwendig ist, die Scherfestigkeit des Holzes, insbesondere bei Holzverbindungen, eingehend zu erforschen. Der Feuchtigkeitsgehalt spielt eine ähnliche Rolle wie bei der Zugfestigkeit. In der Neufassung von DIN 1074 ist vorgeschlagen, die zulässige Spannung für Abscheren in der Faserrichtung in Abänderung von DIN 1052, Tafel 1e bei Nadelholz bei Brücken auf 7 kg/cm², bei Bauteilen mit ruhenden Lasten (Lehrgerüsten) auf 10 kg/cm² herabzusetzen. Für die 3. Ausgabe von DIN 1052 hat der deutsche Normenausschuß einstweilen für Nadelholz 9 kg/cm² und für

Eiche und Buche 12 kg/cm² gleichmäßig für alle 3 Güteklassen als obere Grenze angesetzt.

Wenn schon der Scherversuch parallel zur Faser keine eindeutigen Ergebnisse zu liefern vermag, so ist dies in noch größerem Maße der Fall, wenn die Kraftrichtung senkrecht zur Faser gerichtet ist. Hier führen meist zu hohe Druck- oder Zugspannungen den Bruch herbei. Infolgedessen ist in DIN 1052 auch davon abgesehen, hierfür irgendwelche Angaben zu machen.

5. Knickfestigkeit.

Werden Stäbe von größerer Länge auf Druck beansprucht, so hat ihre Berechnung auf Knicken zu erfolgen. Die bisherigen preußischen

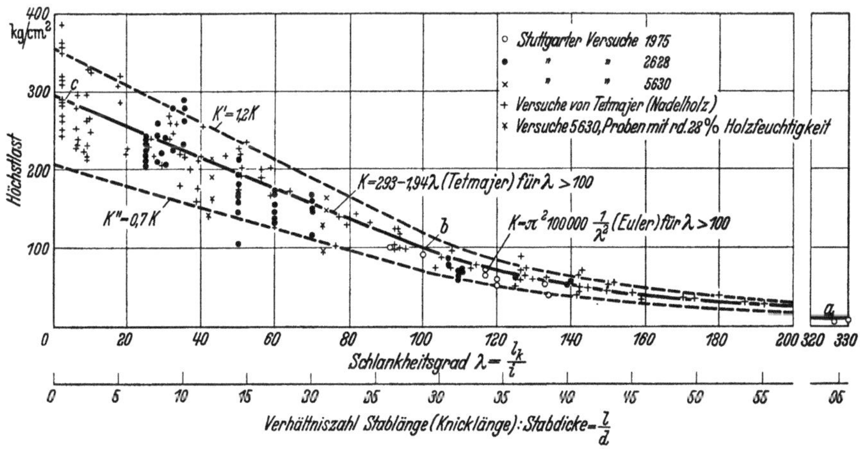

Abb. 15. Druckfestigkeit von Vollstützen in Abhängigkeit vom Schlankheitsgrade.

Vorschriften vom 24. Dezember 1919 verlangten nach der Euler-Formel 7—10fache Knicksicherheit; sie setzten beiderseitige gelenkige Lagerung voraus und als Elastizitätsmodul $E = 100\,000$ kg/cm² für Laub- und Nadelholz. Da der Elastizitätsmodul oberhalb der Proportionalitätsgrenze sich ändert, verliert die Euler-Formel ihre Gültigkeit, sobald die Knickspannung σ_K diese Grenze überschreitet. Dies ist durch die Versuche von Tetmajer — auch für andere Baustoffe — nachgewiesen worden; bei einem Schlankheitsgrad $\lambda = \frac{l}{i} \geq 100$ fand er eine gute Übereinstimmung mit der Euler-Formel. Dieser — *sog. elastische* — Bereich ist aber praktisch von untergeordneter Bedeutung, da nach Seitz nur wenige % aller im Bauwesen vorkommenden Stäbe hineinfallen. Für $\lambda < 100$ faßte Tetmajer seine Versuchsergebnisse zu der Formel zusammen

$$\sigma_K = 293 - 1{,}94\,\lambda \text{ in kg/cm}^2\,.$$

Dieser geradlinige Verlauf der Knickspannungslinie ist entsprechend den BH auch in DIN 1052 übernommen worden, jedoch mit der geringen Abänderung, daß für $\lambda = 0, \sigma_K = 300\,\text{kg/cm}^2$ und für $\lambda = 100, \sigma_K = 100\,\text{kg/cm}^2$ ist. Hier schließt die EULER-Kurve mit $E = 100000\,\text{kg/cm}^2$ an.

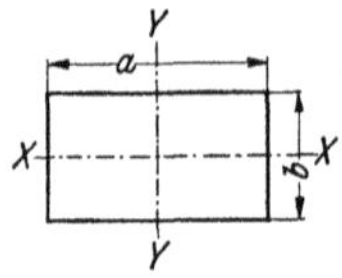

Abb. 16. Einteiliger Druckquerschnitt.

Die Richtigkeit der TETMAJERschen Versuchsergebnisse ist wiederholt bestätigt worden. Abb. 15 [*11* f] zeigt die Knickfestigkeit von Stützen mit quadratischem Querschnitt in Abhängigkeit vom Schlankheitsgrade. Die Versuchswerte sind durch zwei gestrichelte Linienzüge begrenzt, die das 1,2- und 0,7fache der Werte des ausgezogenen Linienzuges angeben. Nach GRAF dürfte die ausgezogene Linie etwa die untere Grenze für Gebrauchsholz der Güteklasse I und der untere gestrichelte Linienzug die für Holz der Güteklasse II darstellen. Nach den Stuttgarter Versuchen ist der Einfluß von Ästigkeit, Wuchsfehlern, Feuchtigkeit usw. der gleiche wie bei den Druck-, Zug- und Biegeversuchen. Besonders ungünstig macht sich bei schlanken Stäben die natürliche Außermittigkeit bemerkbar (einseitiger Wuchs — Verminderung der Höchstlast bis zu 20%).

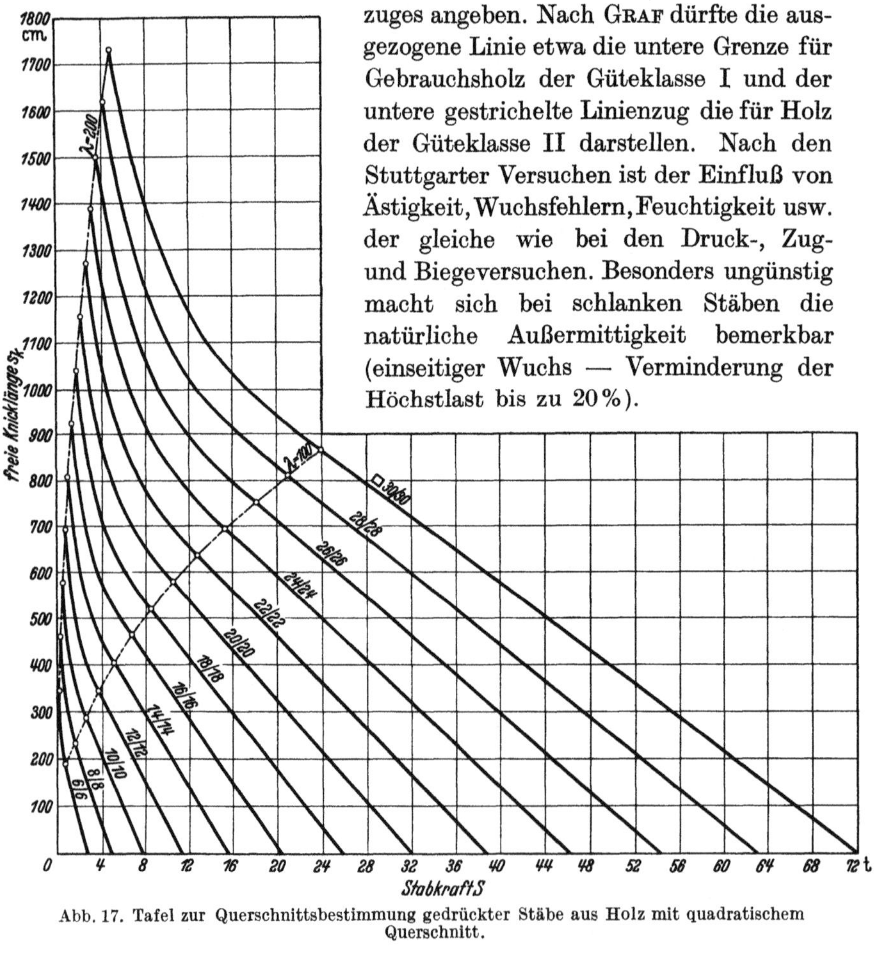

Abb. 17. Tafel zur Querschnittsbestimmung gedrückter Stäbe aus Holz mit quadratischem Querschnitt.

Als Sicherheitszahl ν pflegt bei der Anwendung der TETMAJER-Formel 3—4 gewählt zu werden, bei der EULER-Formel werden dagegen höhere Werte — siehe oben — für notwendig erachtet. In DIN 1052 ist für $\lambda = 0$ bis 100 — der Bereich, der praktisch am meisten vorkommt — die Sicherheitszahl ν unverändert 3,75 entsprechend den Versuchen von Graf (bei kurzen Stäben ist die Druckfestigkeit maßgebend). Damit ist für $\lambda = 0$, also bei reinem Druck, die bereits oben begründete Druckspannung von 80 kg/cm² vorhanden. Von $\lambda = 100$ bis 200 soll dann die Sicherheitszahl von 3,75 auf 4,75 ansteigen. Damit ist bei schlanken Stäben der unvermeidlichen Außermittigkeit (bei einseitigem Wuchs usw.) und etwaigen zusätzlichen, unvorhergesehenen Biegungsbeanspruchungen Rechnung getragen. Im ganzen hat die Erfahrung gelehrt, daß für Güteklasse II die bisher zulässigen Werte der Druckspannung bestehen bleiben können. Für trockenes Holz der Güteklasse I soll nach dem derzeitigen Stande der Verhandlungen im deutschen Normenausschuß der Wert von 80 auf 110 kg/cm² erhöht werden. Dividiert man σ_K durch die jeweilige Sicherheitszahl ν, so erhält man $\sigma_{d\,\mathrm{zul}}$, und dividiert man andererseits σ_{zul} (bei Nadelholz 80 kg/cm²) durch $\sigma_{d\,zul}$, so ergibt sich der sog. ω-Wert.

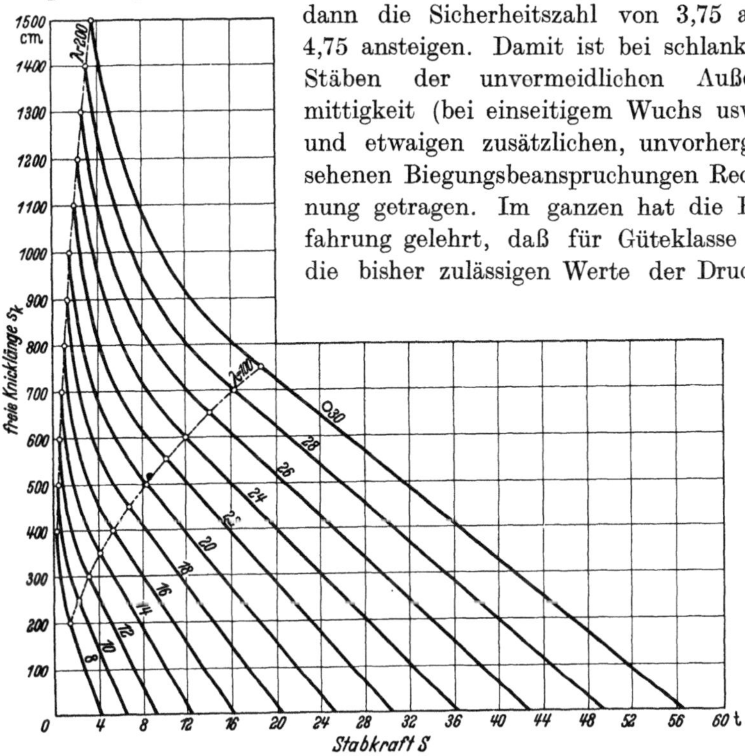

Abb. 18. Tafel zur Querschnittsbestimmung gedrückter Stäbe aus Holz mit kreisförmigem Querschnitt.

Dieses ω-Verfahren hat nur den Nachteil, daß der Querschnitt angenommen und die Zulässigkeit nachgeprüft werden muß. Eine gute Annäherung liefert folgendes Verfahren der BH:

Im *unelastischen* Bereich ($\lambda \leq 100$) und bei *mittigem* Kraftangriff ist für die häufigst vorkommenden **Stäbe** aus Nadelholz mit **rechteckigem Querschnitt** näherungsweise

$$\sigma_{d\,\text{zul}} = 80 - 2\,\varrho\,,$$

worin $\varrho = \frac{s_K}{b}$ das Verhältnis der freien Knicklänge s_K zur Breite b der kleinen Querschnittsseite bedeutet. Für ein bekannt vorausgesetztes Seitenverhältnis $\frac{b}{a}$ (Abb. 16) läßt sich der erforderliche Querschnitt berechnen aus

$$b = \frac{s_K}{80} + \sqrt{\left(\frac{s_K}{80}\right)^2 + \frac{S}{80}\cdot\frac{b}{a}}\,,$$

worin die Knicklänge s_K in cm und die größte Druckkraft S des Stabes in kg einzuführen ist, um b in cm zu erhalten. Für den quadratischen Querschnitt ergibt sich

$$b = \frac{s_K}{80} + \sqrt{\left(\frac{s_K}{80}\right)^2 + \frac{S}{80}}\,.$$

Ist der Querschnitt gewählt, so ist stets eine Nachprüfung nach dem ω-Verfahren anzustellen[1].

Bei **mehrteiligen Druckstäben** erfolgt die Berechnung für das Ausknicken um die Stoffachse (x-x-Achse, Abb. 19a) wie bei Vollstäben, wobei als Breite des Gesamtstabes die Summe der Breiten der Einzelstäbe Σd gesetzt wird. Für das Ausknicken um die stofffreie Achse (y-y-Achse, Abb. 19a und 19b) kann nicht mit einem vollkommenen Zusammenwirken der Einzelquerschnitte gerechnet werden, weil die Querverbindungen in den Holzstäben verhältnismäßig nachgiebig sind. Die Verhältnisse des Stahlbaues lassen sich nicht auf den Holzbau übertragen. Eine Lösung dieser Frage konnte nur auf dem Wege des Versuchs mit entsprechender Auswertung der Versuchsergebnisse erfolgen. In DIN 1074 ist das sog. ω'-Verfahren vorgeschrieben. Die Knickspannungswerte σ'_K sind abgemindert, und zwar bei $\lambda = 0$ von 300 auf 258, bei $\lambda = 100$ von 100 auf 60 kg/cm². Diese Berechnungsweise kann nicht befriedigen, da die Frage der zulässigen Spreizung nicht behandelt ist. Auch sind keine Angaben über die Anzahl der Bolzen in den Bindehölzern gemacht. Dieses Verfahren ist als erster tastender und wenig zweckmäßiger Versuch anzusehen und in DIN 1052 verlassen. Hier wird als maßgebendes Trägheitsmoment das angesehen, welches entsteht, wenn die Einzelquerschnitte zusammengeschoben werden und der Zuwachs an Trägheitsmoment infolge der Spreizung nur mit einem Bruchteil $= {}^1/_4$ eingesezt wird. Auch sind genauere Vorschriften über die Zahl der Bolzen in den Bindehölzern gemacht. Aber auch diese derzeitigen Vorschriften sind nur als vorläufige anzusehen; denn die Belastung der Stützen unter

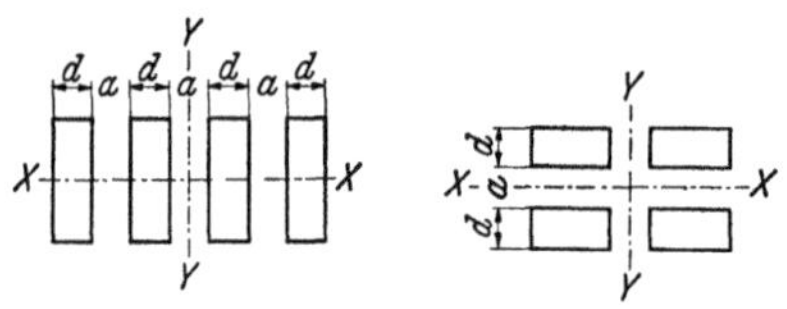

Abb. 19a u. 19b. Mehrteiliger Druckquerschnitt.

[1] Das Verfahren der BH liefert für quadratische Querschnitte Abmessungen, die für $\lambda = 50$ um rd. 2% und für $\lambda = 100$ um rd. 4% zu groß sind.

praktischen Verhältnissen erfolgt vielfach anders als beim Versuch. Auch ist vermutlich der Einfluß der Querverbindungen an den Stützenenden bei den Versuchen kleiner als bisher angenommen. Neuere Versuche[1] sollten feststellen, wie die Tragkraft beeinflußt wird, wenn die Übertragung der Kräfte durch die Stirnflächen der Stützen mittels steifer Druckplatten erfolgt, um zu erkennen, ob der Einfluß der Querverbindungen an den Stützenenden an sich überschätzt wird.

Steht eine Stütze auf einem Fundament und erfolgt die Belastung durch verhältnismäßig steife Druckplatten, so ist die Knicklast etwa 3-(2,9- bis 3,2-)mal so groß als bei gelenkiger Lagerung oben und unten. (Nach der EULERschen Knickformel ist bei völliger Einspannung eine viermal so große Knicklast vorhanden.) Die Tragfähigkeit gegliederter Stützen, die aus schlanken Einzelstäben bestehen, ist bei der bislang üblichen Prüfung mit steifen Druckplatten vor allem nach der Tragkraft der Einzelstäbe zu beurteilen, die sich bei der oben angegebenen Stützung ergibt. Die Höchstlast ist aber noch abhängig von den Unterschieden der Beschaffenheit der Einzelstäbe. Der Einfluß dieser Unterschiede wird durch eingeleimte Zwischenhölzer gemindert. Auch in der 2. Ausgabe von DIN 1052 ist vorläufig noch das I_w-Verfahren mit einigen Abänderungen beibehalten, bis das auf Grund der Versuche an der M.P.A. Stuttgart in Vorbereitung befindliche δ-Verfahren endgültig in die Vorschriften aufgenommen werden kann. Hiernach wird zunächst die Knicklast des *Einzelstabes* nach TETMAJER bzw. EULER ermittelt und mit der Anzahl der Stäbe vervielfacht. Nachdem das Ergebnis durch die in Ansatz zu bringende Sicherheit geteilt ist, wird es zum Schluß noch mit einem Wert δ, der aus den Versuchsergebnissen bestimmt und durch den der Einfluß der Spreizung und der Dübelverbindung berücksichtigt werden soll, vervielfacht. Es wird angestrebt, für mehrteilige Druckstäbe mit einer einzigen Sicherheit — 4,25 oder 4,5 — auszukommen. Spreizungen $a > 2\,d$ dürfen nicht in Rechnung gestellt werden (Abb. 19a). Die Stabenden sind so auszubilden, daß der Stab als Rahmenstab wirkt. Neu hinzugekommen ist in der 2. Ausgabe von DIN 1052 bereits die Forderung, daß der Einzelstab auf die Knicklänge des Gesamtstabes mit einem Sicherheitsgrad $\nu = 1{,}5$ knicksicher sein muß. Das Trägheitsmoment des Einzelstabes J_e in cm⁴ muß mindestens sein

$$J_e = \frac{15 \cdot S \cdot s_K^2}{n}.$$

Hierin ist: S die größte Druckkraft des Gesamtstabes in t,
s_K die Knicklänge des Gesamtstabes in m,
n die Zahl der Einzelstäbe[2].

[1] GRAF, O.: Bauing. 17 (1936) S. 1.
[2] Vgl. KRABBE [*11* i] S. 13—15.

Gegliederte Druckstäbe wird man praktisch nur da verwenden, wo es die Anschlüsse erfordern bzw. wo Vollquerschnitte in den verlangten Abmessungen nicht zu beschaffen sind. Um dem Vollquerschnitt wieder möglichst nahezukommen, sind *durchgehende* Längsverbindungen stets zu empfehlen[1].

III. Holzverbindungen.

Den zimmermannsmäßigen Holzverbindungen — Druckstoß, Zapfen, Versatz, Überschneidung usw. —, die sich durch Jahrhunderte bewährt haben und weiter unten behandelt werden, sind in neuerer Zeit Verbindungen an die Seite getreten, bei denen große Zugkräfte — auch quer zur Faser — übertragen werden können. Mit Hilfe entsprechender Verbindungsmittel ist es möglich geworden, die hohe Zugfestigkeit des Holzes einigermaßen wirtschaftlich ausnutzen zu können. Mißerfolge im Holzbau sind meist auf mangelhaft ausgeführte Verbindungen zurückzuführen. Es genügt nicht, die Stäbe eines Fachwerkes zu berechnen und ihre Abmessungen zu bestimmen, ebenso wichtig ist die sachgemäß durchgeführte Berechnung und Konstruktion der Knotenpunkte.

Bei der Beurteilung einer Verbindung müssen die verschiedenen Möglichkeiten der Zerstörung beachtet und außerdem die zu erwartenden Formänderungen auf ihre Unschädlichkeit geprüft werden. Denn im Gegensatz zu Eisenbeton- und Stahlbauten, deren Anschlüsse praktisch starr ausgebildet werden können, muß bei Holz in der Regel mit kleinen Nachgiebigkeiten der Verbindungen gerechnet werden.

A. Die Verbindungsmittel.

Die Zahl der neuartigen Verbindungsmittel — **Leim, Dübel aus Hartholz, Leichtmetall, Gußeisen und Stahl** —, die nach dem Weltkriege auf den Markt gekommen sind, ist verhältnismäßig groß. Eine ganze Reihe von ihnen ist trotz guter Eignung aus wirtschaftlichen Gründen wieder verschwunden. Eine Berechnung der Tragfähigkeit der Verbindungsmittel — gemäß DIN 1052 — führt durchweg mit Rücksicht auf die Unsicherheit in den Annahmen zu keinen brauchbaren Ergebnissen. Maßgebend sind in erster Linie Festigkeitsversuche, und zwar unter Verhältnissen, die der Wirklichkeit entsprechen. Dabei müssen nicht einzelne Versuche, sondern ganze Reihen durchgeführt werden unter den verschiedensten Bedingungen, wie dies z. B. mit einigen Verbindungsmitteln am Holzforschungsinstitut in Madison USA. geschehen ist [*11*a]. Für den Vergleich der Güte der einzelnen Verbindungsmittel ist das Last-Verschiebungsschaubild maßgebend (Abb. 20). Dabei sind zwei Punkte

[1] Stoy, W.: Bautechn. 11 (1933) S. 586.

zu beachten, 1. die Höchstlast und 2. die Verschiebung unter der Gebrauchslast = der zulässigen Last (einem bestimmten Bruchteil der Höchstlast). Im allgemeinen tritt bei Holzverbindungen mit Ausnahme der Leimverbindungen bei richtiger Versuchsanordnung unter der Höchstlast kein Bruch ein. Bei weiterer Belastung vergrößert sich die Verschiebung erheblich, es tritt ein „Fließen" ein, wobei die von dem Druckmesser angezeigte Last sich verringert, d. h. unter die Höchstlast sinkt. Als Gebrauchslast, d. h. als die Last, bis zu der das Verbindungsmittel unter gewöhnlichen Umständen beansprucht werden darf, ist nach DIN 1052 ein Drittel der mittleren Versuchshöchstlast anzusehen. Dabei darf die Verschiebung eine bestimmte Grenze nicht überschreiten. Diese ist in DIN 1052 zu 1,5 mm festgelegt.

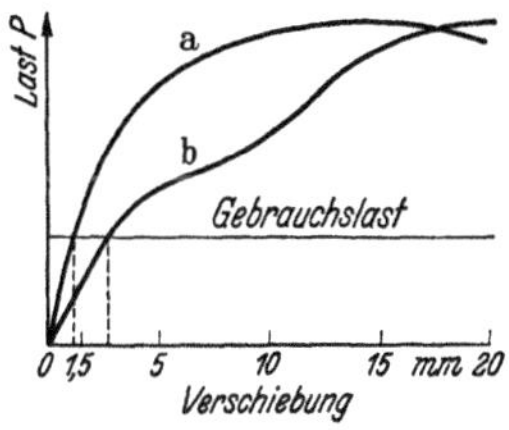

Abb. 20. Last-Verschiebungsschaubild.

Seitz [2] verlangt, wenn besonders weitgehende Standsicherheit erforderlich erscheint, 3,5fache Sicherheit bei gleichzeitiger Höchstverschiebung von 1,0 mm. Diese Forderung erscheint zu hoch. Wenn ihr auch einige hochwertige Verbindungsmittel entsprechen würden, so würde andererseits die Gebrauchslast bei vielen gebräuchlichen Verbindungsmitteln — Dübel mit Heftbolzen —, die sich praktisch durchaus bewährt haben, so stark sinken, daß sie wirtschaftlich nicht mehr in Wettbewerb treten könnten. Es erscheint vielmehr richtiger, für die Versuchskörper Holz mit „Normalqualität", wie sie bei Festlegung der zulässigen Spannungen eingeführt ist, mit einem Feuchtigkeitsgehalt von 20—25% — dieser ist heute vielfach beim Einbau der Verbindungsmittel vorhanden — zu verwenden und die Prüfung erst nach erfolgtem Austrocknen vorzunehmen. Ein Nachziehen der Schraubenbolzen hätte zu unterbleiben. Unter Umständen käme zum Vergleich auch die Verwendung von geringwertigem Holze in Frage.

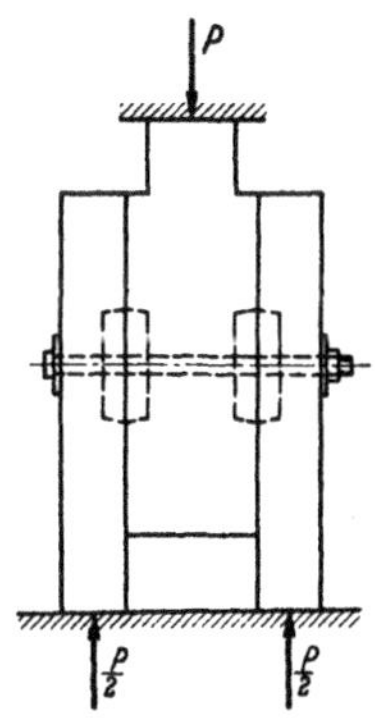

Abb. 21. Probekörper zu Druckversuchen mit Holzverbindungen.

Abb. 20 stellt die Versuchsergebnisse der gleichen Verbindungsmittel dar; bei a) ist das Holz in lufttrockenem Zustande zusammengebaut und die Verbindung gleich hinterher abgedrückt worden; bei b) ist feuchtes Holz mit etwa 25% Feuchtigkeit verwandt; die Prüfung erfolgte, nachdem das Holz bis auf 15% nachgetrocknet war.

Bislang war es üblich, die Tragfähigkeit von Holzverbindungen durch den einfachen Druckversuch, der verhältnismäßig leicht durchzuführen ist, festzustellen. Die Anordnung der Probekörper ist in Abb. 21 dargestellt. Die damit gewonnenen Aufschlüsse konnten den Konstrukteur aber nicht voll befriedigen, weil die Formänderung der Laschen durch die Reibung an der unteren Druckplatte gehindert und außerdem die Verformung der Laschen anders gerichtet ist als beim Zugversuch. Infolgedessen sind die neueren Versuche [*11* h] nur als Zugversuche durchgeführt, und zwar vergleichsweise in der üblichen Weise als Zerreißversuche bis zum Bruch mit stufenweise gesteigerter Belastung und als Dauerversuche. Beim Dauer- oder Schwingversuch wurde die Belastung P_0 festgestellt, die 500 000 mal aufgebracht werden konnte, ohne daß eine Zerstörung stattfand. Die Versuche sollten Aufschluß geben über die Tragfähigkeit und über die Formänderungen von Holzverbindungen. Als eines der wesentlichsten Ergebnisse ist die Feststellung zu verzeichnen, daß durch Verkleinerung von τ_{zul} sowohl beim Zerreißversuch als beim Schwingversuch eine bedeutende Steigerung der Tragkraft entsteht. Verlangt man, daß die zulässige Scheranstrengung ungefähr die Hälfte der beim Bruch auftretenden Scherfestigkeit ist, so müßte nach Graf τ_{zul} auf 10 kg/cm², wenn es sich um ruhende Lasten handelt, und auf 6 kg/cm², wenn oftmals wiederkehrende Lasten zu übertragen sind, festgelegt werden. Die Versuche haben weiter gezeigt, daß τ bei den dreireihigen Verbindungen etwas größer ausfiel als bei den einreihigen. Außerdem ist τ für die Verbindungen mit kleinerem τ_{zul} kleiner ausgefallen, weil die Scherfestigkeit mit Zunahme der Scherlänge, wie schon oben bemerkt, abnimmt. Ferner ist aus den Versuchen zu erkennen, daß die Tragfähigkeit unter oftmals wiederholter Belastung viel kleiner ist als bei allmählich steigender Belastung. Unter den gewählten Verhältnissen betrug P_0 bei oftmals wiederholter Belastung mindestens das 0,5fache und höchstens das 0,7fache von P_{max} beim Zerreißversuch. Die zulässige Anstrengung kann nahe den Festigkeiten gewählt werden. — Graf schlägt etwa $^4/_5$ vor —, die beim Dauerversuch entstanden sind, wenn der Werkstoff und die Herstellung der Verbindung ebensogut gewählt werden wie beim Versuch. — Zur Zeit sind Bestimmungen in Vorbereitung, nach denen alle Holzverbindungsmittel auf Grund der neuesten Erkenntnisse in den nächsten Jahren nach einem einheitlichen Plane geprüft werden sollen; auf Grund dieser Ergebnisse soll dann die zulässige Belastung neu festgestellt und einschließlich der zugehörigen Holz- und Bolzenabmessungen in amtlichen Zulassungen festgelegt werden.

1. Flächenfeste Verbindungen.

Bei den flächenfesten Verbindungen dient **Leim** als Verbindungsmittel; er ist insofern ein ideales Verbindungsmittel, als er mehr oder weniger den Zustand wiederherstellt, in dem das Holz vor dem Zersägen war. Auch findet bei der Belastung nur eine ganz geringfügige Verschiebung statt. Die Scherfestigkeit ist ebenfalls in erheblichem Maße von der Größe der Scherfläche abhängig [*11*h]. Bei der Zerstörung begann der Bruchriß an den Laschenenden und lief dann meist neben der Leimfuge gegen die Stoßmitte. Eine Verleimung von Hirnholz auf Hirnholz zur Übertragung von Zugkräften kommt nicht in Frage. Dagegen ist die Festigkeit von Leimfugen hinsichtlich Scherung und Zug höher als die von Nadelholz. Die Güte der Verleimung ist in ähnlicher Weise wie bei den Schweißverbindungen im Stahlbau abhängig von der Sorgfalt der Verarbeitung. Fehler in der Herstellung sind nur schwer feststellbar, und daher sollten solche Konstruktionen nur von geübtem Personal ausgeführt werden. Das Holz — in der Hauptsache Bretter — muß bei der Verarbeitung bereits gut lufttrocken sein. Als Hilfsmittel werden Nägel und Bolzen benutzt, die einmal die zu verleimenden Teile so lange in ihrer Lage festhalten sollen, bis der Leim erhärtet ist, und die andererseits hinterher bei Eintritt von ganz ungünstigen Umständen ein Klaffen der Fugen verhindern sollen. Ein Zusammenwirken von Verleimung und Vernagelung kommt nicht in Frage. Die Nägel werden erst dann wirksam, wenn die Leimfuge zerstört ist[1]. Geleimte Verbindungen werden benutzt bei Herstellung von Vollwandträgern — meist mit I-förmigem Querschnitt als gekrümmte Gurthölzer für Parabel- und Bogenbinder (Abb. 22), bei Bindehölzern in gegliederten Stäben und bei Knotenplatten. Hat man bei Bauten mit sehr starken Feuchtigkeitsschwankungen oder mit dem Auftreten von Schimmelpilzen zu rechnen, so genügen die Kaseinleime als organisches Bindemittel nicht mehr. An ihre Stelle sind in neuerer Zeit [*11*d] die flüssigen *Bakelitleime* und der *Tegofilm* der Firma Th. Goldschmidt, Essen, und der *Kauritleim* (Stickstoffharz) der I. G. Farbenindustrie getreten. Ihr Hauptnachteil besteht darin, daß bei ihrer Anwendung eine Temperatur von 130—140° C erforderlich ist. Dadurch scheiden sie für das normale Bauwesen aus. Wohl aber ist die Herstellung von Knotenplatten — vergütetes Holz mit gleicher Festigkeit nach allen Richtungen — möglich. Die I. G. Farbenindustrie hat aber ihren Kauritleim so weiter entwickelt, daß er unter Verwendung eines „Härters" auch kalt verarbeitet werden kann. Die Leimflächen des einen Holzes werden vor dem Verleimen mit dem Kalthärter gestrichen, dann wird der Kauritleim auf die entgegengesetzte Leimfläche aufgetragen und beide Teile innerhalb 15 Minuten entsprechend zusammengepreßt. Als Preßdauer genügen 1,5 Stunden. Das Auftragen des Kauritleimes in seiner honigartigen Beschaffenheit ist nicht so einfach und erkennbar wie beim Kaseinleim. Die „Gebrauchsvorschrift" für Kauritleim besagt ferner,

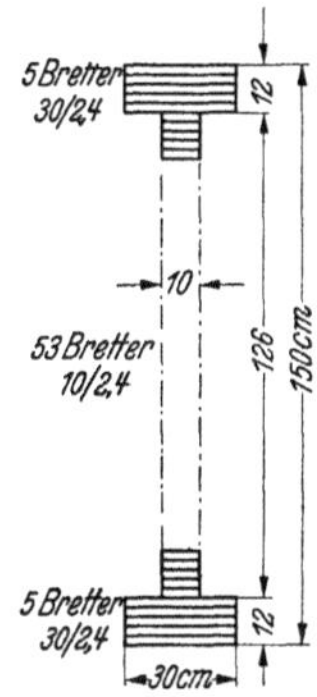

Abb. 22. I-förmiger, verleimter Querschnitt.

[1] Stoy, W.: Bauing. 14 (1933) S. 583.

daß er nur in *sehr dünnen Lagen* aufgebracht werden darf, wenn Fehlleimungen vermieden werden sollen. Ferner muß der Zwingendruck völlig „satt“ und gleichmäßig verteilt sein, so daß sog. Leimnester vermieden werden. Sein wesentlichster Nachteil besteht in seiner starken Raumveränderung und in Zusammenhang damit in seiner geringen Erstarrungselastizität. Der Kauritleim ist sehr „spröde“. Diese Nachteile werden vermieden bei dem neuen „Klemmleim“[1]. Er besteht ebenfalls aus einem auf Kunstharz- oder Kunstharngrundlage erzeugten, kalthärtbaren Leim (z. B. Kauritleim), der aber mit einem „zu ihm artgemäß passenden“ Magerungsmittel vermischt ist. Hierzu verwendet KLEMM gemahlenen Bakelit, den er im Verhältnis 1 : 10 bzw. 1 : 5 dem Kauritleim zusetzt, wobei der Teil 1 den Magerungszusatz bedeutet. Der Klemmleim kann unschädlich in dickeren Lagen aufgetragen werden, er läßt sich ferner zur Füllung von Leimnestern verwenden, ohne bei seiner Erstarrung — auch bei Alterung — Risse zu bekommen und eine Einbuße an Bindefestigkeit zu erleiden. Der Zwingendruck kann wie bisher (wie bei Kaseinleim) ausgeübt werden. Die Abbindung ist elastisch, es treten keine Risse auf. Seine Farbe ist schwärzlich, ein Vorteil, der beim Auftragen nicht zu unterschätzen ist[1].

Hinsichtlich der Leimverbindungen sei allgemein darauf aufmerksam gemacht, daß ihre einwandfreie Herstellung große Erfahrung, besondere Vorrichtungen und sehr zuverlässige Handwerker erfordert. Die Güte der Ausführung ist, ähnlich wie beim Schweißen, nur sehr schwer nachzuprüfen. Die Festsetzungen über Leimverbindungen sind in DIN 1052 noch sehr kurz gehalten. Wenn damit gerechnet werden muß, daß sich das Leimen im Holzbau mehr einführt, wird der Erlaß eingehender Vorschriften nicht mehr zu umgehen sein, um Mißerfolge, wie sie in den letzten Jahren wiederholt infolge unsachgemäßer Arbeit vorgekommen sind, möglichst zu verhindern. Dazu schreibt WEDLER in dem Vorwort zu der neuen Ausgabe von DIN 1052[2]: „Das Leimen im Holzbau sollte, ähnlich wie das Schweißen, nur solchen Unternehmern gestattet werden, die nachgewiesen haben, daß sie ausreichende Werkseinrichtungen, eigene Holztrocknungsanlagen und erfahrene Fachleute und Handwerker haben. Bauteile dürfen nur in überdachten Räumen geleimt werden, keinesfalls unter freiem Himmel auf der Baustelle. Voraussetzung für den Erfolg ist die Verwendung trockenen Holzes. Der für einwandfreie Verbindungen unbedingt erforderliche langwirkende Flächendruck ist bei den großen Abmessungen, wie sie im Holzbau üblich sind, nur mit großem Geräteaufwand zu erreichen. Auch dann ist der Erfolg nicht immer gesichert, wenn nämlich die aufeinander geleimten Flächen infolge von Fehlern in

---

[1] KLEMM, H.: Neue Leim-Untersuchungen mit besonderer Berücksichtigung der Kalt-Kunstharzleime. München und Berlin 1938.

[2] Zbl. Bauverw. 58 (1938), Beilage zu Heft 24.

der Bearbeitung stellenweise nicht dicht aufeinander passen. Bei der Sprödigkeit der Leimfuge kann eine örtlich auftretende Überbeanspruchung zu einem plötzlichen Bruch der ganzen Verbindung führen. Es wird daher vielfach verlangt, daß Leimverbindungen außerdem verbolzt oder genagelt werden, zumal hierdurch gleichzeitig der erforderliche Flächendruck erzeugt werden kann. Die Nägel sollen nach Dr. STOY für sich allein eine etwa eineinhalbfache Sicherheit bieten. Hierfür wäre etwa die Hälfte der bei einer reinen Nagelverbindung nötigen Zahl von Nägeln erforderlich.“

2. Punktförmige Verbindungen.

a) Verbindungsmittel mit vorwiegender Biegungsbeanspruchung.

α) *Bolzen, Stahlstifte, Nägel.*

Die einfachsten und seit alters gebräuchlichsten Verbindungsmittel sind *Schraubenbolzen* und *Nägel* verschiedenster Form. Die Kraftübertragung erfolgt nicht wie beim Leimen in ganzer Fläche, sondern in einzelnen Punkten mit einer gewissen Tiefenwirkung.

Schraubenbolzen werden nach DIN 1613 aus Schraubenstahl St 38.13 mit einer Zugfestigkeit von 38—45 kg/mm^2 und einer Streckgrenze von etwa 25 kg/mm^2 hergestellt. *Nägel* dagegen bestehen durchweg aus gezogenem blanken Thomasflußstahldraht. Die Zerreißfestigkeit steigt mit abnehmender Dicke von etwa 60 auf 80 kg/mm^2. Die Streckgrenze — strenggenommen die 0,2-Grenze — liegt sehr hoch, bei etwa 95% der Zugfestigkeit [*11c*] Nägel werden meist gewaltsam ins Holz eingeschlagen, wobei die Holzfasern in der Hauptsache zur Seite gequetscht werden. Ein Vorbohren der Löcher mit dünnerem Bohrer kommt nur bei größeren Nageldicken und ganz trockenem, harten Holz in Frage. Die Bolzen dagegen werden in vorgebohrte Löcher mit einem Spielraum von 1—2 mm eingezogen. Eine Zwischenstellung nehmen die gezogenen *Stahlstifte* ein, die (ohne Kopf und Spitze) in vorgebohrte Löcher eingetrieben werden; sie haben ähnlich wie die Nägel eine Zerreißfestigkeit von etwa 70 kg/mm^2; ihre Dicke schwankt entsprechend der Holzdicke zwischen 8 und 17 mm (letztere für Kanthölzer 14/14). Die Tragfähigkeit dieser drei Verbindungsmittel ist abhängig von der Lochleibungsfestigkeit des Holzes und der Steifigkeit der Verbindungsmittel selbst. Auf eine Mitwirkung der Reibung in den Berührungsflächen der Hölzer, die unter Umständen im Anfange der Belastung vorhanden ist, kann mit Rücksicht auf das Schwinden des Holzes nicht gerechnet werden. Der Lochwanddruck ist schon bei geringer Anfangsbelastung nicht mehr gleichmäßig über die ganze Länge des Verbindungsmittels verteilt, sondern konzentriert sich mehr und mehr nach den Rändern. Die Lochleibungsfestigkeit steigt mit zunehmender Druckfestigkeit des Holzes, nimmt bei feuchtem Holz ab, jedoch nicht in dem Maße wie die Druckfestigkeit und wächst bei abnehmendem Durchmesser des Verbindungsmittels.

Da die Schraubenbolzen mit einem gewissen Spielraum in den Löchern sitzen, ist eine Anfangsverschiebung schon bei geringen Lasten unvermeidlich. Bolzenverbindungen sind trotz ihrer großen Verbreitung im allgemeinen als wenig vorteilhaft anzusehen. Die Tragfähigkeit der Schraubenbolzen ist nach Tafel 5, DIN 1052 zu ermitteln. Die zulässige Belastung ist in den meisten Fällen unabhängig von der Dicke a des angeschlossenen Holzes und hängt nur vom Bolzendurchmesser d und der zulässigen Druckspannung $\sigma_{d\,\mathrm{zul}}$ des Holzes ab. Die Werte der Spalte 3 $P = 2{,}5\,\sigma_{d\,\mathrm{zul}} \cdot d^2$ für einschnittige Verbindungen und für die Seitenhölzer zweischnittiger Verbindungen und $P = 4{,}5\,\sigma_{d\,\mathrm{zul}} \cdot d^2$ für die Mittelhölzer berücksichtigen die Biegespannung der Bolzen selbst. $\sigma_{d\,\mathrm{zul}}$ ist hierbei die zulässige Druckspannung in Faserrichtung nach Tafel 1 unter a), so daß für die verschiedenen Holzarten die in Erwägung zu ziehende Bolzentragkraft anzuschreiben ist:

$$\text{Seitenholz} \begin{cases} \text{Nadelholz} & P = 200\,d^2 \\ \text{Hartholz} & P = 250\,d^2 \end{cases}$$

$$\text{Mittelholz} \begin{cases} \text{Nadelholz} & P = 360\,d^2 \\ \text{Hartholz} & P = 450\,d^2. \end{cases}$$

Nur in den Fällen, in denen das Verhältnis $a : d$ bei einschnittigen Verbindungen kleiner als 5, bei zweischnittigen Verbindungen im Mittelholz kleiner als 4,5 und im Seitenholz kleiner als 5 ist, ist die Tragkraft nach Spalte 2 zu ermitteln. Der zulässige Flächendruck ist nach DIN 1052, Tafel 2, rechte Spalte anzunehmen, da hier die Voraussetzungen der Tafel 1 unter d), Ziffer 2, zutreffen. Diese Werte sind anzuschreiben

$$\begin{array}{ll} \text{bei Nadelholz} & \sigma_{\mathrm{zul}} = 80 - 5/9\,\alpha \\ \text{bei Eiche und Buche} & \sigma_{\mathrm{zul}} = 100 - 5/9\,\alpha, \end{array}$$

wobei α den Winkel zwischen Faser- und Kraftrichtung bezeichnet. Es ist darauf zu achten, daß unter Kopf und Mutter quadratische bzw. runde Unterlegscheiben vorhanden sind, deren Seitenlänge bzw. Durchmesser mindestens gleich dem 3,5fachen Bolzendurchmesser und deren Dicke bei tragenden Schrauben mindestens 5 mm sein soll. Im handwerklichen Gebrauch erhält nur die Mutter eine dünne Unterlegscheibe mit einem Durchmesser gleich der Mutter, wie sie im Maschinenbau üblich ist. Es sei aber an dieser Stelle ausdrücklich darauf hingewiesen, daß dieser Brauch falsch ist.

Die Tragfähigkeit von Nägeln ist in den letzten 10 Jahren durch umfangreiche systematische Versuche klargestellt worden [*11*c]. Bei Brettern bis etwa 40 mm Dicke ist stets als Gebrauchslast $^1/_3$ der Höchstlast maßgebend, darüber hinaus meist die Last, bei der die Verschiebung das höchstzulässige Maß von 1,5 mm erreicht. Im allgemeinen dürften praktisch als untere Grenze Bretter von 24 mm Dicke und als obere Grenze Bohlen von 60 mm Dicke gelten. Als zulässige Tragfähigkeit ist für jeden Nagel von bestimmter Dicke ohne Rücksicht auf die Holzdicke in DIN 1052, Tafel 6 und 7, ein bestimmter Wert angegeben[1].

β) *Bauweise Cabröl* (*Rohrdübel*).[2]

Die Holzbauweise Cabröl verwandte 1918 und 1919 eiserne und stählerne Rohrdübel. Von dieser Zeit ab wurden die Dübel aus gepflegtem Hartholz (Eiche und Buche) hergestellt. Dazu kam etwa seit 1924 für Großbauten und schwer belastete Konstruktionen Bongossiholz (Ostafrika). Der Durchmesser der zylindrischen Dübel beträgt 40, 50, 60, 70 und 80 mm; sie werden in der Hauptsache als Biegedübel, teilweise auch als Scherdübel verwandt.

Die *Biegedübel* werden in Richtung der Schraubenbolzen — quer zu den zu verbindenden Hölzern — verlegt und — wie der Name sagt — in der Hauptsache auf Biegung beansprucht. Sie gehen durch die äußeren Hölzer nicht durch, sondern greifen nur in einer Tiefe = Dübeldurchmesser in diese ein. — Man unterscheidet bei den Biegedübeln: Volldübel und in der Mittelachse gebohrte Dübel, die nicht ganz zutreffend heute noch den Namen „Rohrdübel" führen. Die Biegedübel sind nach ihrer Verwendung stets zweischnittig bzw. vierschnittig (Beispiel Abb. 77 a).

Die Dübellöcher werden mittels Schlangenbohrer hergestellt, wobei — wie bei allen Einfräsdübeln — eine schwache Vorbohrung als Lehre dient. Sind zur Kraftaufnahme an einem Knotenpunkt oder einer Stoßstelle mehrere Dübel erforderlich, so erhält etwa jeder zweite Dübel einen durchgehenden Schraubenbolzen.

Über die Tragfähigkeit der Biegedübel liegen umfangreiche Versuche vor. Für eine rund dreifache Sicherheit der Biegedübel aus inländischem Hartholz ist auf Grund der Versuche die Formel $P = 70\, d^2$ aufgestellt. Darin bedeutet P die zulässige Tragfähigkeit in kg und d der Dübeldurchmesser in cm. Ein zweischnittiger Biegedübel von 60 mm ⌀ besitzt also eine Tragfähigkeit von $P = 70 \cdot 6^2 = 2520$ kg. Der Leibungsdruck darf dabei 40 kg/cm² nicht überschreiten. Die zulässige Tragfähigkeit der Dübel wird für alle Hartholzarten gleich hoch angenommen, obwohl das afrikanische Bongossiholz etwa doppelt so hohe Festigkeiten aufweist wie unsere inländischen Harthölzer.

Die *Scherdübel* mit denselben Abmessungen wie die Biegedübel, die in gleicher Weise wie die rechteckigen Zimmermannsdübel aus Hartholz verwandt werden und daher ihrem Wesen nach eigentlich in den nächsten Abschnitt b) gehören, sollen zum Vergleich gleich hier mitbesprochen

[1] Stoy, W.: Bauing. 16 (1935) S. 475.
[2] Trysna, Fr.: Zbl. Bauverw. 58 (1938) S. 1307—1314.

werden. Sie besitzen gegenüber den rechteckigen Zimmermannsdübeln den Vorteil, daß sie keine Vorbearbeitung an den zu verbindenden Hölzern erfordern, sondern an der fertig verschraubten Konstruktion nach erfolgter Vorbohrung eingesetzt werden. Die Beanspruchung beträgt nach DIN 1052 auf Abscheren 20 kg/cm² und auf Druck quer zur Faser 40 kg/cm². Scherdübel werden dann gewählt, wenn größere Kräfte auf kleinen Anschlußflächen übertragen werden müssen, z. B. beim Untergurtstoß eines Binders, dessen eingelegtes Stoßholz nicht lang genug für den Anschluß mit Biegedübeln gewählt werden kann.

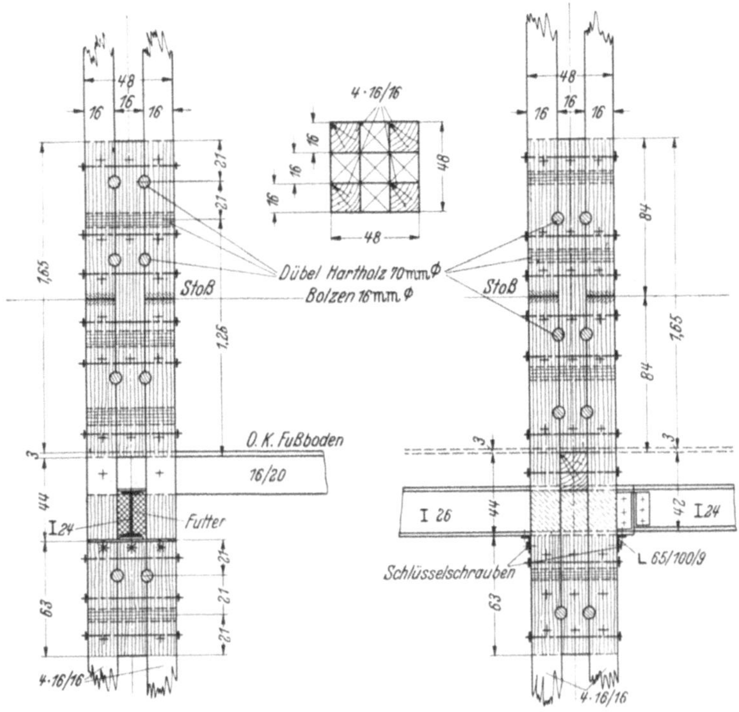

Abb. 23. Stoß einer 4teiligen Stütze unter Verwendung von Scherdübeln (Bauweise Cabröl).

Ein zweischnittiger Biegedübel von 60 mm ⌀ aus deutschem Hartholz trägt, wie oben gezeigt, 2,52 t. An Stelle dieses Biegedübels kann ein Scherdübelpaar, ⌀ 60 mm, angeordnet werden, das bei 20 cm Gurthöhe zulässig 4,8 t übertragen kann, ohne mehr Anschlußfläche zu beanspruchen.

Ferner werden Scherdübel in allen Fällen verwandt, bei denen fertig zusammengesetzte und verschraubte Konstruktionen zu verbinden sind. Dies trifft insbesondere bei mehrteiligen Säulen zu. Abb. 23 zeigt den Stoß einer mehrteiligen Stütze, die aus vier Kanthölzern 16/16 besteht.

Erwähnt seien noch die *Rohrdübel mit Gewinde* (*Patent Fuchs*). Sie bestehen aus hochwertigem Stahl und haben an der Außenseite ein Holzschraubengewinde; sie werden in die vorgebohrten Löcher eingeschraubt; besondere Heftbolzen sind nicht erforderlich[1].

b) Verbindungsmittel mit vorwiegender Druckbeanspruchung (Dübel).

Wesentlich günstiger als bei reinen Bolzenverbindungen liegt die Kraftübertragung bei Dübeln. Als Grundform sind die seit Jahrhunderten bekannten rechteckigen **Zimmermannsdübel** als wirklich brauchbare Verbindungsmittel anzusehen. Die Herstellung erfolgt meist aus Hartholz (Eiche); daneben findet auch Esche und Lärche Verwendung.

Laufen die Fasern der Dübel parallel mit der Balkenachse (*Längsdübel oder Zahndübel*) und beträgt die Länge a mindestens das 5fache der Einschnittiefe t, so ist die zulässige Beanspruchung der Hirnholzfläche — gleichmäßige Verteilung angenommen — 80 kg/cm² (Abb. 24). Liegen mehrere Dübel hintereinander, so ist eine hohe Arbeitsgenauigkeit erforderlich, damit sie alle gleichzeitig und gleichmäßig zur Mitarbeit gelangen. Die Stauchverformung, das ist die Verschiebung der belasteten Fläche gegenüber ihrer ursprünglichen Lage, beträgt an der Kriechgrenze nur 0,2—0,4 mm [*3*].

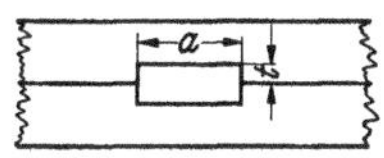

Abb. 24. Längsdübel oder Zahndübel aus Hartholz.

Um ein gleichmäßiges und gleichzeitiges Anliegen aller Dübelflächen zu erzielen, werden diese oft schwach keilförmig gestaltet; die Fasern verlaufen dann senkrecht zur Balkenachse (*Querdübel*). Die zulässige Beanspruchung — Hartholz quer zur Faser — beträgt höchstens 40 kg/cm². Die Heftbolzen — $^1/_2''$ bis $^5/_8''$ dick —, die das Auseinandertreiben der Holzverbindung infolge des Kippmomentes der Dübel verhindern sollen, werden seitlich der Dübel angeordnet. Bei Querdübeln ist zu beachten, daß das Schwinden des Holzes quer zur Faser wesentlich größer ist als längs zur Faser (30—60 mal so groß, je nach Lage der Jahrringe).

Die an Stelle der Hartholzdübel verwendeten hochkant gestellten **Bandeiseneinlagen** (gerade, gebogen, geknickt oder ringförmig) sind wegen ihres hohen Kippmomentes nicht zu empfehlen; besser sind die kleinen Profile der **hochstegigen ⊥-Stähle**.

Da der Einbau der Dübel mit größter Genauigkeit erfolgen muß und dies am besten durch Maschinenarbeit zu erreichen ist, ist man in neuerer Zeit zur Verwendung von kreisförmigen Dübeln übergegangen. Beispielsweise können die Nuten der Ringdübel auf $^1/_{10}$ mm genau geschnitten werden, wenn die Fräser richtig sitzen. Die zu verbindenden Hölzer werden auf der Zulage zusammengelegt und an alle den Stellen, wo Dübel angeordnet werden sollen, Löcher in einem Arbeitsgang gebohrt. Nach-

[1] Das Bauwerk B 11 (1937) S. 238.

dem die Hölzer auseinandergenommen sind, bilden diese Löcher für den gleichstarken Zapfen des Fräsers die Führung.

Vorteilhaft sind alle mit Anlauf versehenen Dübelformen bzw. alle Ringdübel, die einen Schlitz haben und infolgedessen mit einer gewissen Spannung in die Ausfräsung eingebaut werden können. Denn oft liegt zwischen Verzimmerung und endgültigem Zusammenbau ein Zeitraum von einigen Wochen; dann sind die ursprünglich kreisrunden bzw. kreisringförmigen Ausfräsungen durch das Schwinden leicht elliptisch geworden. Der Einbau läßt sich trotzdem ohne Beschädigung der Lochleibung vornehmen bzw. ohne daß von vornherein ein gewisses Spiel der Verbindung vorhanden ist.

Die neuzeitlichen Verbinder lassen sich in drei Gruppen einteilen:

1. *Volle Scheiben,* die je zur Hälfte in ausgefräste Löcher der zu verbindenden Hölzer eingelegt werden;

2. *Ringe,* die in vorgearbeitete Nuten verlegt werden;

3. *Platten oder Ringe mit Zähnen,* die in die zu verbindenden Holzflächen mit Gewalt eingetrieben werden.

Dübel der Gruppe 1.

a) Doppelkegeldübel der Firma Karl Kübler AG., Stutgartt. Sie bestehen entweder aus Gußeisen oder aus Eichenholz — diese in zwei Größen (Abb. 25). Die Gußdübel — auch Eierdübel genannt (Maße in Abb. 25 in [ ]) — sind die ältere Form; sie werden nur noch selten neben den Eichenholzdübeln verwandt; sie lassen sich aber wegen ihres kleineren Durchmessers mit leichteren Handbohrmaschinen an der Baustelle einarbeiten. Sie sind wegen ihrer größeren Höhe und des damit verbundenen größeren Kippmomentes bei gleicher Belastung je cm² Stirnfläche etwas nachgiebiger. Die Tragfähigkeit ist 1 t (Guß- und kleine Eichendübel) bzw. 2 t (große Eichendübel) bei normalen Umständen (in Fichte und Kiefer // zur Faser) bei etwa 3,5facher Bruchsicherheit und rd. 0,5 mm Schlupf. Sitzen mehrere Dübel hintereinander, so tut man gut, eine kleine Abminderung vorzunehmen. Der beiderseitige Anzug der Dübel verbürgt einen guten Sitz, auch beim Schwinden des Holzes.

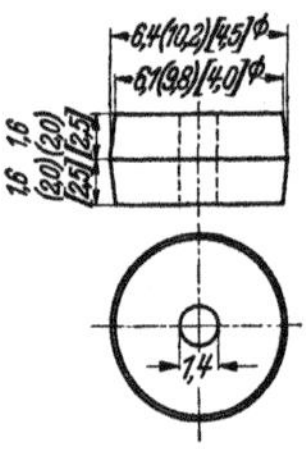

Abb. 25. Doppelkegeldübel von Kübler.

Bei Anschlüssen schräg oder senkrecht zur Faser ist zu unterscheiden, ob das durch die Dübelwirkung belastete Holz frei ausweichen kann oder ob die Verbindung „unterstützt" ist, d. h. durch ein anderes Holz daran gehindert wird. Im letzteren Falle kann man mit 80—60% der angegebenen Lasten arbeiten, sonst mit 70—40%.

b) Krallenscheibendübel System Greim (Abb. 26). Die Krallenscheiben, so genannt wegen der auf dem Scheibenumfang befindlichen keilförmigen Krallen (Zähne), bestehen aus Temperguß und werden in zwei Größen von 55 und 80 mm ⌀ mit einer Tragkraft von 1,0—1,5 t bzw. 1,9—2,5 t je nach der Holzart hergestellt.

Die eine Krallenplatte hat eine Nabe und greift mit dieser in die gegenüberliegende Platte bzw. einen Flachstahl ein. Bei der Ausführung wird zuerst die 6 mm tiefe Aussparung für die Krallenplatte und die 3 mm tiefe Rundrille für den Zahn*ansatz* ausgefräst. Dann werden die Krallenplatten mit einem Aufsatzhammer, der ein Loch für die Nabe besitzt, mittels Vorschlaghammer eingetrieben, bis die Scheibenoberkante mit der Oberfläche des Holzes bündig liegt. Der Zusammenhalt der Verbindungen wird durch Heftbolzen ⌀ 13 mm sichergestellt.

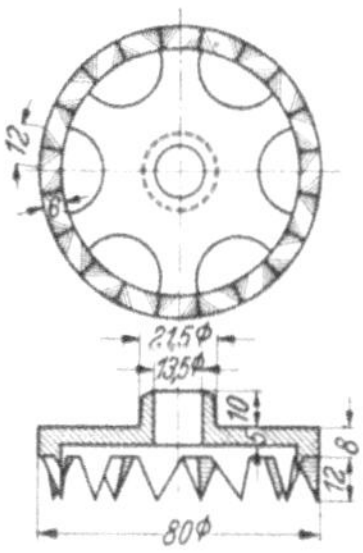

Abb. 26. Krallenscheibendübel System Greim.

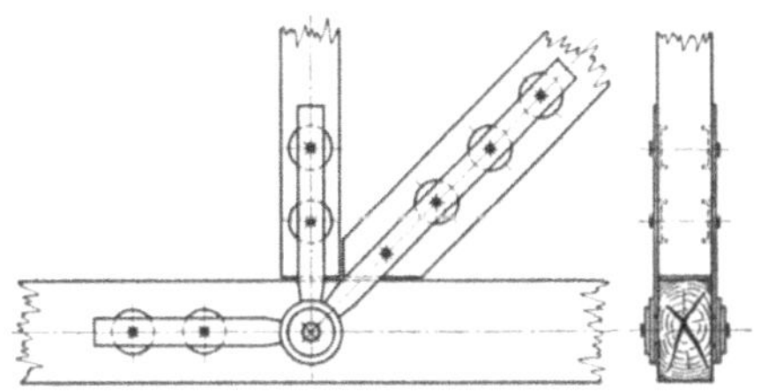

Abb. 27. Stahlgelenkverbindung der Siemens-Bauunion.

Bei Funkmasten wird meist Bronze, auch für die Bolzen und Unterlegscheiben verwendet.

Die Siemens-Bauunion (*SBU*) ist bei ihrer Holzbauweise noch einen Schritt weitergegangen und hat außer den Verbindungsmitteln, den Krallenscheiben, zur Übertragung der Kräfte in den Knotenpunkten Stahlgelenke eingeschaltet.

Die *Stahlgelenkverbindung* (Abb. 27) besteht aus dem Haltering, dem Verschlußkörper (wegen seiner Form auch Pilz genannt) und den Hakenlaschen; sie wird in zwei Größen hergestellt mit einem äußeren Ringdurchmesser von 10,5 bzw. 15 cm und einer Tragkraft von 12 bzw. 24 t.

Die Vorteile dieser Gelenkbauweise SBU sind u. a.:

1. Die Stabanschlüsse werden zentrisch in das Gelenk der Knotenpunkte geleitet (Vermeidung von Nebenspannungen).

2. Das Holz wird nur in der Faserrichtung beansprucht (Ausschaltung von Druck- und Zugbeanspruchungen quer zur Faser).

3. Die Füllungsstäbe stehen nicht über die Gurte vor.

Bei dieser baulich einfachen und klaren Ausbildung der Knotenpunkte besteht aber andererseits die Gefahr, daß beim Versagen eines Druck- oder Zugstabes der ganze Binder nachgibt und unter Umständen abgestützt werden muß, während solche Vorkommnisse bei steif ausgebildeten Knotenpunkten meist harmlos sind. Mit Rücksicht auf die erheblichen Kosten für die Gelenkverbindung, die zum Teil aus hochwertigem Stahl besteht, erscheint die Bauweise weniger geeignet für Dauerbauten, als vielmehr für vorübergehende Bauten, wie z. B. Betonierungsbrücken, Notbrücken, weitgespannte Transportkrane usw.

Dübel der Gruppe 2.

a) Ringdübel von Tuchscherer, Schüller, Heß, Locher, Appel. Sie bestehen im allgemeinen aus offenen oder geschlitzten Ringen, weil diese schmiegsamer sind und beim Schwinden des Holzes eine zuverlässigere Kraftübertragung auf den Holzkern und die Nutenwandung gewährleisten. Die zulässige Beanspruchung // zur Faser beträgt bei Annahme gleichmäßiger Spannungsverteilung auf die Stirnflächen gegen Vorholz und Holzkern nach DIN 1052 50 kg/cm². Dabei wird vorausgesetzt, daß die Scherspannungen im Kern wie im Vorholz innerhalb der zulässigen Grenzen verbleiben.

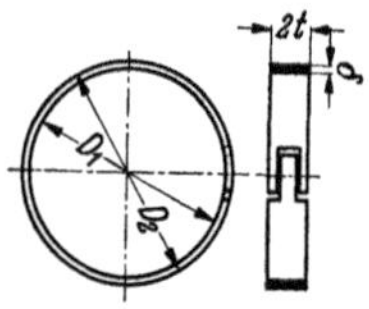

Abb. 28. Ringdübel von Tuchscherer.

Abb. 28 zeigt den *Ringdübel von Carl Tuchscherer G.m.b.H., Breslau*; er wird hergestellt aus Flußstahl, Durchmesser 10—30 cm, Breite 2—6 cm und Dicke 0,4—1,2 cm, $\delta/t = 0{,}4$; $D_1/t = 10$; Schraubenbolzen $\varnothing = 1/8\ D$ (und $\geqq 16$ mm für $D \geqq 10$ cm) [3]. Das eine Ende ist mit einem ausgearbeiteten Zahn versehen, der in eine Lücke des anderen Flachstahlendes eingreift, nach Art von Nut und Feder. Diese Schlitzung des Ringes soll seine Wirkung unabhängig machen von dem Schwinden des Holzes bzw. ungenauer Arbeit. Im allgemeinen kommt man bei einem Anschluß eines Füllungsstabes mit einem Ringpaar aus. Der *Schüller Ringdübel* (Abb. 29), der ähnliche Abmessungen hat, wird aus zwei halbkreisförmig gekrümmten Flachstählen gebildet, deren Enden geradlinig in radialer Richtung abgebogen sind, im übrigen aber gleichgerichtet liegen. Die Dübelenden sind am Außenholz sichtbar, wodurch jederzeit die Lage des Dübels nachprüfbar ist.

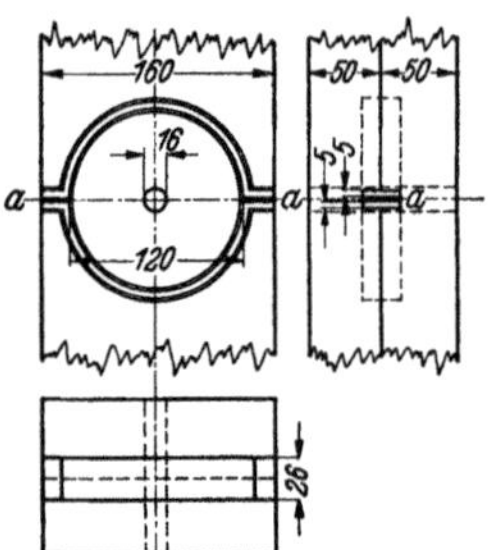

Abb. 29. Ringdübel von Schüller.

Abb. 30 zeigt den federnd gesperrten *Ringdübel von Heß, Marienberg.* Er besteht ebenfalls aus Flußstahl und wird beim Einbau nach außen gequetscht. Er wird nur in einer Größe hergestellt mit 54 mm $\varnothing$, 22 mm Breite und 3,5 mm Dicke. Er dient dazu, einheitlich genormte Kanthölzer von 8/8 cm Querschnitt in quadraturartiger Verschachtelung derartig miteinander zu verbinden, daß ein einheitliches, unverschiebbares Raumwerk entsteht — ähnlich wie bei der Meltzerschen Bauweise. Die

Bolzen $^{3}/_{8}''$ dick haben auf beiden Seiten Gewinde; die Bolzenlöcher haben $^{5}/_{8}''$ Durchmesser.

Der Ringdübel der Firma Locher & Co., Zürich (Abb. 31), besteht aus Grauguß; er hat zylindrische Außenfläche und zwei konische Innenflächen und ist unter einem Winkel von etwa 30° zur Umfangsrichtung geschlitzt. Die Nuten in den zu verbindenden Hölzern werden mit einem etwas größeren Durchmesser als der des Dübelringes ausgefräst. Infolgedessen wird dieser beim Einsetzen geöffnet und erhält eine gewisse Vorspannung. Beim Schwinden des Holzes wird er zusammengedrückt, die beiden Ringenden schieben sich gegeneinander oder unter Umständen übereinander, ohne daß im Ring Zwangsspannungen entstehen. Beim Quellen des Holzes wird dieser wieder geöffnet. Konstruktionen mit derartigen Ringdübeln sind praktisch genommen unabhängig vom Schwinden und Quellen des Holzes. Der Durchmesser schwankt zwischen 8 und 28 cm (meist gebraucht 10—22 cm), die Breite entsprechend zwischen 3 und 5 cm.

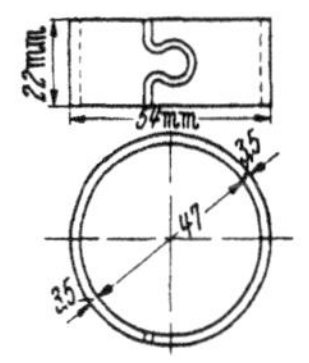

Abb. 30. Federnd gesperrter Ringdübel von Heß.

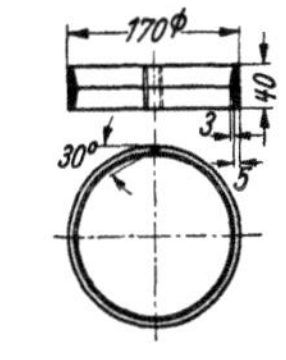

Abb. 31. Ringdübel von Locher.

Das Verhältnis der Bruchlasten // zur Faser: 45° : ⊥ zur Faser beträgt im Mittel 1 : 0,75 : 0,6.

Ähnliche Ringe verwendet *Otto Appel, Berlin.* Die sog. *Ringkeildübel* aus Gußeisen oder Stahl bzw. Silumin (eine besonders gegen Säuren, Salze und Rauchgase widerstandsfähige Aluminiumlegierung) haben keil- oder rautenförmigen oder ovalen Querschnitt. Eine Abart sind die *Rippendübel* (Abb. 32); die untere Ringhälfte erhält nach zwei Enden starr verbundene Längsstege bzw. Rippen, die mit dreieckförmigen Flachplatten in T-Form versteift sind. Dadurch ist eine erhebliche Kraftübertragung quer zur Holzfaser ermöglicht.

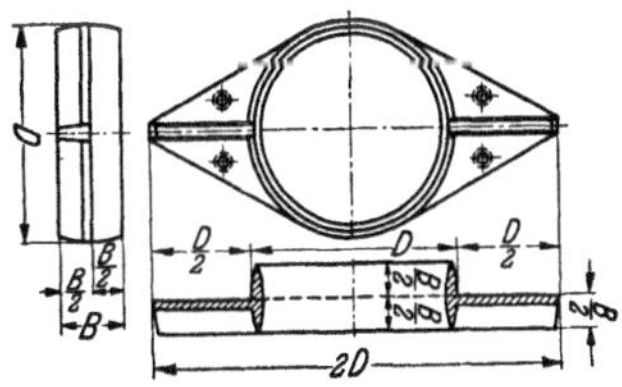

Abb. 32. Rippendübel von Appel.

Die Ringdübel sind vor Rost gesichert, da die Ringnut für Wasser schwer zugänglich ist, außerdem aber durch Austeeren oder einfaches Ölen sich wasserdicht machen läßt.

Eine Verbindung von Scheiben- und Ringdübel bilden:

b) die Teller- und Stufendübel von Christoph & Unmack AG., *Niesky, O. L. Der Tellerdübel* (Abb. 33) ist ein steifer Ring aus Temperguß mit T-Querschnitt. Flansch (konisch gestaltet) und Steg liegen beiderseits in maschinell hergestellten ringförmigen Nuten der zu verbindenden Hölzer. Durch den lotrechten Steg des T-Querschnittes wird der Ring am Verkanten gehindert. Das angreifende Kräftepaar am Dübel mit kleinem Hebelarm wird im Gleichgewicht gehalten durch das Kräftepaar der Gegendrücke des Ringes auf die Ausfräsungsflächen. Hierdurch ergibt sich unter hohen Belastungen ein besonders geringes Maß von

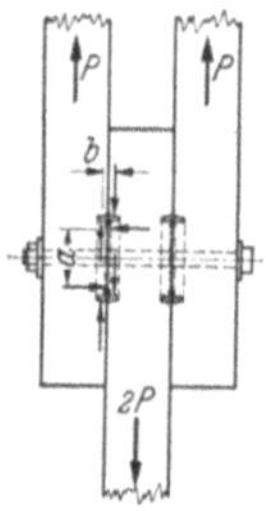

Abb. 33. Tellerdübel von Christoph & Unmack.

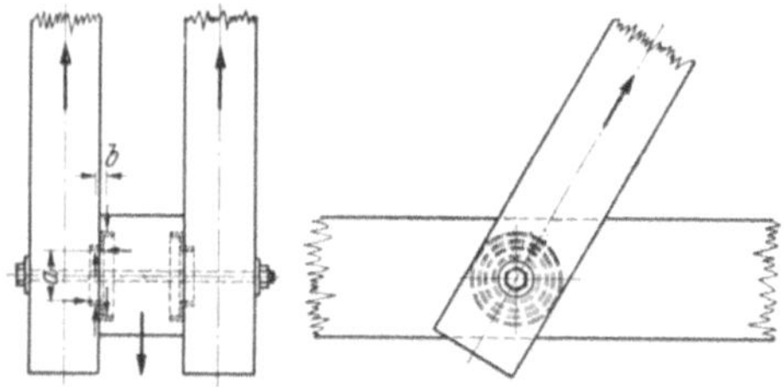

Abb. 34. Stufendübel von Christoph & Unmack.

Verschiebungen. Die meist verwandten Durchmesser der Tellerdübel liegen zwischen 6 und 20 cm mit Zwischenstufen von 2 cm und Bolzen, steigend von ½″ auf 1″. Tragkraft nach [*6*].

Der *Stufendübel* (Abb. 34) ebenfall aus Gußeisen — hat L förmigen Querschnitt. Der größere Ring steckt in einem Gurtholz, der kleinere in einem Diagonalholz. Der Dübel dient zum Anschluß von großen Diagonalkräften an die Gurtungen von Fachwerken. Es ergeben sich hierbei kleinere Diagonalquerschnitte für den Anschluß. Die meist verwandten Durchmesser sind 8/12, 10/14 und 12/16.

Dübel der Gruppe 3.

Die *Preßdübel* — teilweise norwegischer Herkunft — sind Platten oder Ringe mit Zähnen oder Dornen, die in die zu verbindenden Holzflächen mit Gewalt eingetrieben werden.

a) Bulldogplatten. Sie werden aus bestem, zähesten Siemens-Martin-Sonderstahl mit Kupferzusatz aus einem Stück gepreßt; die Bleche — rund, quadratisch oder oval — 1,25—1,7 mm dick, haben gezahnte Ränder — die Zähne abwechselnd nach beiden Seiten um 100° aufgebogen. Diese geringe Schrägstellung der Zähne bewirkt, daß sich das Blech nach beiden Seiten in das Holz sperrt, wenn dieses schwindet (Abb. 35a u. 35b).

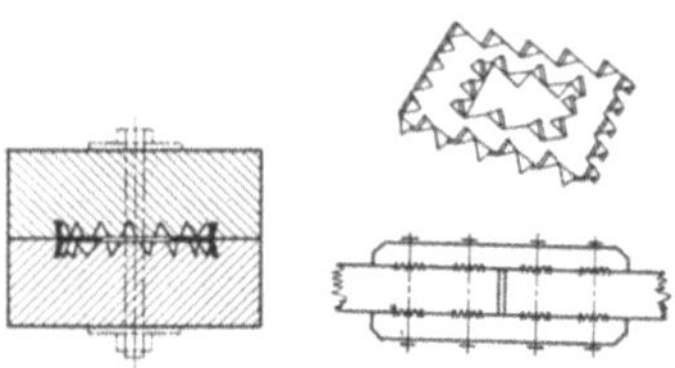

Abb. 35a u. 35b. Bulldogplatte.

Abmessungen: 5, 7,5, 9,5, 11,7 cm ∅, 10/10, 13/13 cm, 7/13 cm oval.

Für Anschlüsse an Stahl, Beton usw. werden die runden und ovalen Bulldogverbinder einseitig gezahnt geliefert. Bei den quadratischen

Platten sind die äußeren Zähne im rechten Winkel zu den Zähnen des inneren Randes angeordnet. Dieser Umstand und die staffelförmige Zahnausbildung entlang der Ränder bezweckt die Herbeiführung einer günstigen Druck- und Scherkraftverteilung über die Holzfläche.

Die zulässige Last ist nicht nur abhängig von der Größe des Dübels, sondern auch von der Dicke des verwendeten Schraubenbolzens, der zwischen $^3/_8''$ bis 1″ schwanken kann.

Beim Einbau werden nach Aufeinanderlegen der zu verbindenden Hölzer zuerst die Schraubenlöcher, und zwar um etwa 3 mm weiter — nach Angabe der Erzeuger — als der Schraubendurchmesser beträgt, ausgebohrt. Dann werden die Hölzer auseinandergenommen, die Dübel, geführt am durchgezogenen *Spezialbolzen* aus Spezialstahl mit Unterlegscheiben eingelegt und die Spezialbolzen mit langen Schraubenschlüsseln zugezogen, wodurch die Dübel sich ins Holz einpressen. Die zum Einpressen nötige Kraft ist nicht gering; sie beträgt für Fichte und Kiefer beispielsweise bei 9,5 ∅ etwa 3,3 t, bei 10/10 cm □ etwa 4,0 t. Nach vollzogenem Einpressen werden die Bolzen durch die endgültigen Schrauben ersetzt, deren Muttern, wenigstens durch einige Tage hindurch, ständig nachgezogen werden sollen, da die *Verbindung sehr stark federt.*

Es sei jedoch darauf hingewiesen, daß es gewagt erscheint, die von den Erzeugern auf Grund von Versuchen in verschiedenen Materialprüfanstalten angegebenen zulässigen Belastungen auf *alle Fälle der Praxis* anzuwenden. Bemerkenswert ist auch das Urteil von STAUDACHER [*3*] S. 104.

Nach umfangreichen amerikanischen Versuchen [*11*a] ist die Tragfähigkeit gleichlaufend mit der zweiten Wurzel der Holzfestigkeit. Auch dort ist ein erheblicher Abfall — etwa um ein Drittel — der Gebrauchslast bei Verwendung von frischem Holz infolge Schwindens festgestellt worden[1].

b) Alligator-Zahnringdübel (Abb. 36), in der Ostmark, *Kromag-Ringdübel* genannt, ursprünglich auch norwegischer Herkunft, werden in Deutschland hergestellt; sie besitzen dreieckförmige Zähne, die zur Erhöhung der Tragkraft etwas gewölbt sind. Die Alligator-Zahnringdübel werden in folgenden Abmessungen geliefert: die kleinen Dübel: 55 und 70 mm ∅ mit rd. 19 mm Zahnhöhe, für $^1/_2''$ bzw. $^5/_8''$ Schraubenbolzen; die mittleren Dübel: 95 und 115 mm ∅ mit rd. 24 mm Zahnhöhe, für $^3/_4''$ bzw. $^7/_8''$ Schraubenbolzen; die großen Dübel: 125 mm ∅ mit rd. 29 mm Zahnhöhe, für 1″ Schraubenbolzen. Bezüglich des Einbaues gilt das, was für Bulldogplatten gesagt ist. Die zum Einpressen benötigte Kraft

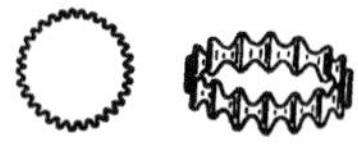
Abb. 36. Alligator-Zahnringdübel.

[1] STOY, W.: Zbl. Bauverw. 55 (1935) S. 478—482.

beträgt für Fichte und Kiefer 2,5—11 t, für Harthölzer 13,5—16 t. Die Dübelerzeuger empfehlen, die Berührungsfläche der Hölzer an und beiderseits der Dübelstellen vor dem Einbau mit Teeröl zu streichen und auch die Bolzen und Unterlegscheiben in heißen Teer zu tauchen. Die Dübel sind durch Verzinkung oder durch ein gleichwertiges metallisches bzw. organisches Verfahren wirkungsvoll gegen Rost geschützt. Für Behelfsbauten werden sie auch mit einem einfachen Oberflächenschutz (lackiert) geliefert (für Dauerbauten unzulässig). Bei besonderer Beanspruchung z. B. durch Meerwasser werden sie mit einem säurefesten Überzug versehen. Die Gebrauchslasten längs und quer zur Faser sind gemäß DIN 1052 aus neueren amtlichen Versuchen ermittelt worden. Die Sicherheit gegenüber der mittleren Versuchshöchstlast ist mindestens dreifach; die Verschiebung unter dieser Last beträgt höchstens 1,5 mm, ist jedoch meist kleiner als 1 mm. Es wird empfohlen, die Dübelgrößen 70 und 95 zu bevorzugen und größere Kräfte durch zweireihige Anordnung (DIN 1052, Bild 4c und Ziffer 78) oder versetzt (DIN 1052 Ziffer 80) aufzunehmen, wodurch auch dem Werfen der Hölzer vorgebeugt wird[1].

c) **Geka-Holzverbinder** (Abb. 37), die erst in den letzten Jahren auf den Markt gekommen sind, haben sich ebenfalls sehr gut bewährt. Sie bestehen aus ringförmigen Tempergußplatten von 3—4 mm Dicke und 50, 65, 80, 95 und 115 mm Außendurchmesser. Die auf beiden Seiten angegossenen Dorne haben gleichbleibende Höhe (Entfernung Spitze zu Spitze der Gegenseite 26 mm). Die Dicke der Schraubenbolzen beträgt je nach dem Außendurchmesser der Verbinder ½″ — 1″, die zugehörige Tragfähigkeit entsprechend 750, 1125, 1800, 2250 und 3000 kg je Verbinder. Beim Einbau lassen sie sich mit einem schweren Hammer so weit ins Holz eintreiben, bis die ringförmige Platte auf dem Holz aufliegt; das schadet den Spitzen durchaus nicht, selbst wenn sie etwas abgestumpft werden. Durch scharfes Anziehen der Schraubenbolzen lassen sich auch die ringförmigen Platten noch ins Holz einpressen. Bei hartem Holz, z. B. bei Kiefernkernholz tut man jedoch gut, für die ringförmige Platte eine geringe Ausnehmung auszufräsen. Bei Überbeanspruchung brechen die Dorne nicht ab, sondern reißen die Holz-

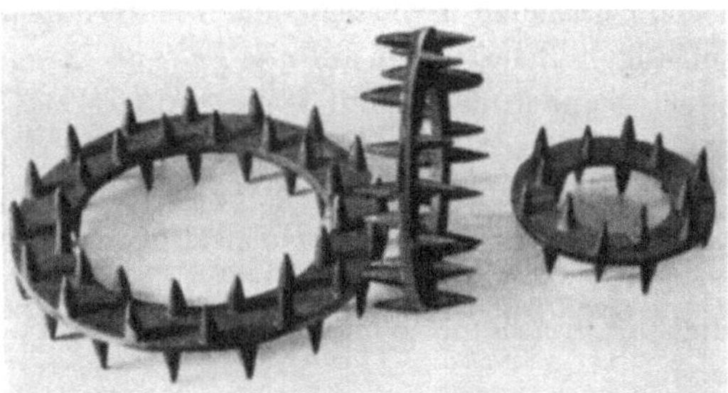

Abb. 37. Geka-Holzverbinder.

fasern auf. Der ganze Verbinder verschiebt sich oder drückt sich einseitig ins Holz ein[1].

Beim Gebrauch aller Preßdübel ist es ratsam, die Einbau-Anweisung der Dübelerzeuger genau zu beachten.

Außer den hier näher beschriebenen Dübeln gibt es noch eine Reihe anderer, die aber nur noch selten angewandt werden und grundsätzlich keine wesentlichen Abweichungen zeigen.

An sonstigen Verbindungsmitteln werden noch gebraucht: Bänder, Klammern und Dollen.

Stählerne Bänder dienen zur Übertragung von Zugkräften oder zur Sicherung von Balken gegen Verschiebung; sie werden als gerade Flachstähle oder entsprechend geschmiedete Winkelbänder ausgeführt. Als Befestigungsmittel werden Nägel oder bei größeren Kräften Schraubenbolzen verwendet.

Klammern (Abb. 38) kommen an Stellen von Schraubenbolzen und Bändern besonders bei vorübergehenden Bauten und Gerüsten zur Anwendung; sie werden hergestellt aus Flachstahl 26×8, 270 mm lang, Spitzen 85 mm lang bzw. 26×10 oder 30×8, 300 mm lang, Spitzen 90—100 mm lang oder aus Rundstahl ⌀ 20 mm bis zu 500 mm Länge. Sie werden in weißglühendem Zustande maschinell gebogen und mit der Hand nachgeschmiedet; an der inneren Ecke erhalten sie eine Verstärkung, um ein Abbrechen unmöglich zu machen.

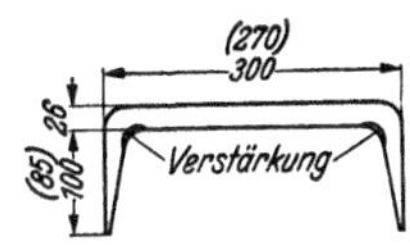

Abb. 38. Bauklammer aus Stahl.

Dollen (Dorne) sollen das Verschieben von einem Holz auf dem anderen verhüten; sie sind entweder zylindrische Stahlstifte von 3—4 cm Dicke und etwa 10 cm Länge, die zum Eintreiben in die etwas enger gebohrten Löcher an den Enden verjüngt sind, oder eichene ausgespaltene Holzstückchen von 3 cm Dicke und etwa 11 cm Länge.

Holznägel bei Zapfenverbindungen sind nur im Hausbau von Bedeutung; sie dienen in erster Linie zur Unterstützung beim Richten; eine nennenswerte Tragfähigkeit besitzen sie nicht, da das geringe Vorholz beim Zapfen vielfach schon beim Eintreiben der Holznägel ausgeschert ist. Zimmermeister Kreß, Tübingen-Lustnau hat in neuerer Zeit gedrehte Holznägel aus Buchenholz (20 mm ⌀) in Vorschlag gebracht, die in Löcher von 19½ mm ⌀ eingetrieben werden. Versuche damit zur Dekkung von Zug- und Druckstößten an der M.P.A. Stuttgart sind durchaus befriedigend ausgefallen.

[1] Stoy, W.: Z. VDI 81 (1937) S. 1418/19.

B. Die Holzverbindungen [*5*, *7*].

1. Druckstoß.

Stößt Hirnholz auf Hirnholz und ist die Stoßstelle gegen seitliches Ausweichen (Biegungs- oder Knickbeanspruchungen) gesichert oder stößt Hirnholz auf Langholz, so genügt es, in den Stoßflächen Dollen einzubauen oder außen Klammern anzubringen, um ein seitliches Verschieben zu verhindern. Bisweilen werden statt der Dollen auch kleine Zapfen angewandt, jedoch ist dabei zu bedenken, daß die Zapfenlöcher von der Druckfläche abzuziehen sind (Abb. 39 und 40). Um dies zu vermeiden, läßt man bei Fachwerken die lotrechten Ständer — besonders

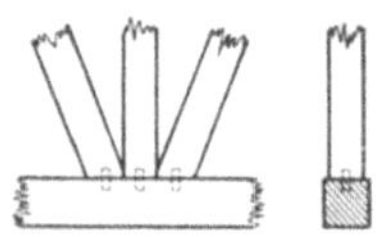

Abb. 39. Druckstoß mit Dollen.

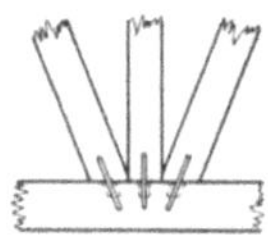

Abb. 40. Druckstoß mit kleinen Zapfen und Bauklammern.

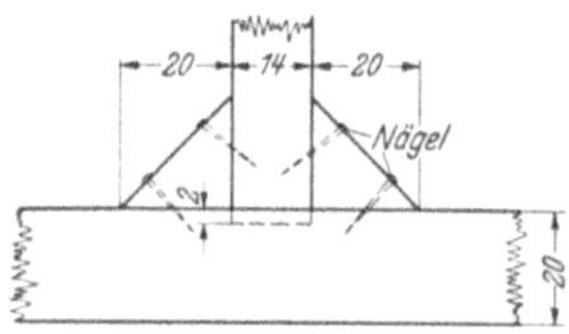

Abb. 41. Druckstoß mit seitlichen Knaggen.

wenn sie nicht mit den Gurten bündig liegen — in voller Fläche etwa 2 cm in die Gurte ein und sichert sie überdies noch durch angenagelte dreieckige Holzstücke (Abb. 41). Wird die zulässige Druckfestigkeit quer zur Faser überschritten, so schaltet man Hartholz- oder U-Stahlstücke ein (Abb. 42) [*10*b]. Bei einzelnen Ständern kann man auch eine Verbreiterung der Druckfläche durch Anbringung von Aufschieblingen er-

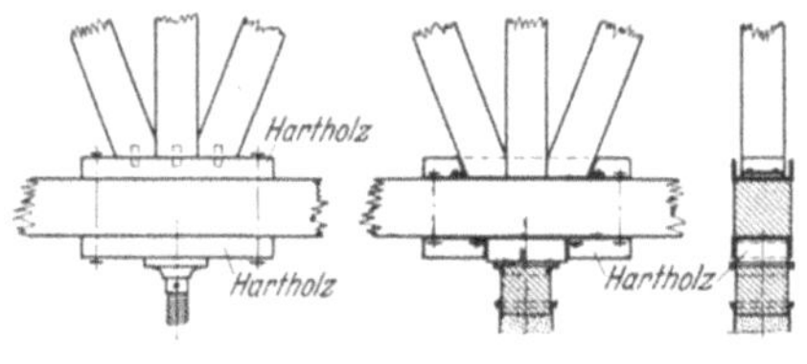

Abb. 42. Auflagerknotenpunkt in einem Lehrgerüst. Einschaltung von Hartholz- oder [-Stahlstücken (nach Mörsch 10b).

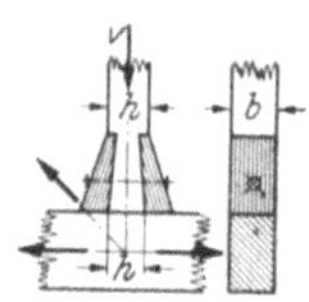

Abb. 43. Verbreiterung der Druckfläche durch Anbringung von Aufschieblingen.

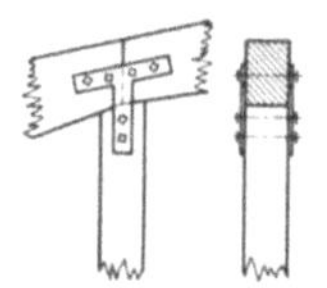

Abb. 44. Verbindung eines Pfostens mit einem einteiligen Kranzholz in einem Lehrgerüst.

reichen (Abb. 43) [*2*]. Abb. 44 zeigt die Verbindung eines Pfostens mit einteiligen Kranzhölzern, die über diesem gestoßen sind. Um eine einigermaßen steife Verbindung zu erreichen, müssen T-förmige Stahlbänder angeordnet werden. Werden Stützen aus Rund- oder Kantholz gestoßen (aufgepfropft) und treten an der Stoßstelle Biegungs- oder Knickbeanspruchungen auf, so sind diese durch seitliche Laschen aus Holz oder Stahl unter Benutzung von Nägeln oder Schraubenbolzen als Verbindungsmittel aufzunehmen (Abb. 45).

Vielfach werden an den Stoßstellen Einlagen aus dünnem Stahlblech vorgeschrieben. Ihr Wert ist bezüglich der Bruchfestigkeit umstritten; vom Standpunkt der auftretenden Verschiebung wirken sie nur nachteilig. Man wird die Kosten für diese Zwischenbleche ohne Nachteil sparen können.

Verlaufen die Hölzer waagerecht oder stoßen sie unter einem Winkel zusammen, so sind sie gegen Verschiebung durch Klammern oder Flach-

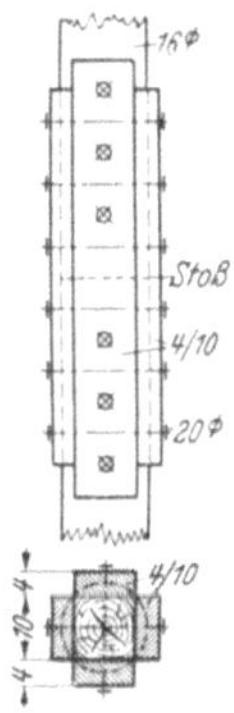

Abb. 45. Stoß einer Stütze aus Rundholz.

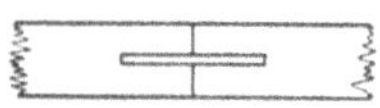

Abb. 46. Druckstoß eines waagerechten Kantholzes.

Abb. 47. Druckstoß unter Verwendung einer Knagge und Flachstahlbändern.

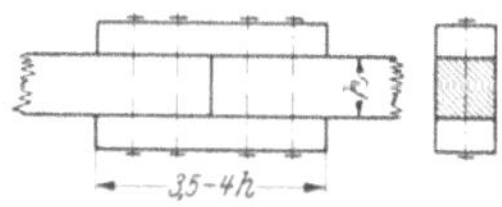

Abb. 48. Stoß der Schwelle eines Lehrgerüstes.

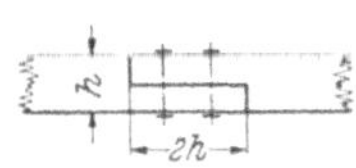

Abb. 49. Gerader Blattstoß.

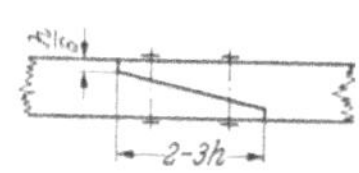

Abb. 50. Schräger Blattstoß.

stahlbänder, gegen Verdrehung durch eingepaßte Eckklötze zu sichern (Abb. 46 u. 47). Bei Lehrgerüsten wird der Stoß der Schwellen durch angeschraubte doppelte Holzlaschen gebildet. Diese Anordnung kann auch etwaige Biegungsmomente aufnehmen (Abb. 48).

Das **gerade** bzw. **schräge Blatt** findet dann Anwendung, wenn die Stoßstelle unterstützt und für die einzelnen Hölzer keine genügende Auflagerungsfläche vorhanden ist (z. B. Stoß von Dachpfetten über den Dachbindern) (Abb. 49 u. 50). Um auch größere Zugkräfte übertragen zu können, ordnet man bisweilen in den Berührungsflächen Dübel an.

2. Zapfen.

Der Zapfen dient nur zur Sicherung der gegenseitigen Lage zweier Hölzer. Seine Anwendung ist bereits an einem Beispiel (Abb. 40) gezeigt; er soll die Pfosten- und Strebenfüße gegen Verschieben bei einseitiger Belastung schützen. Beim Aufstellen soll er auch die Hölzer in ihrer Lage festhalten. Abb. 51 zeigt die Verbindung von Pfosten und Streben mit zweiteiligen Kranzhölzern im Lehrgerüstbau. Unter Kopf und Mutter sind 8/8 bis 10/10 cm große und 8—10 mm dicke Unterlegscheiben bzw. Flachstähle von entsprechender Breite und Dicke angebracht. Die Schrauben sind so fest anzuziehen, daß die Zugfestigkeit ihres Schaftes ausgenutzt wird, um in den Berührungsflächen der Hölzer durch die starke Pressung möglichst große Reibungskräfte zu übertragen. Dadurch entstehen an den Verbindungsstellen steife Knotenpunkte.

Sind Dachsparren nicht durch eine Firstpfette unterstützt, so verbindet man sie durch Scher- oder Schlitzzapfen (Abb. 52). Vereinzelt werden auch Zapfen senkrecht zu ihrer Richtung auf Biegung beansprucht, z.B. bei Wechseln in Gebälken (Abb. 53).

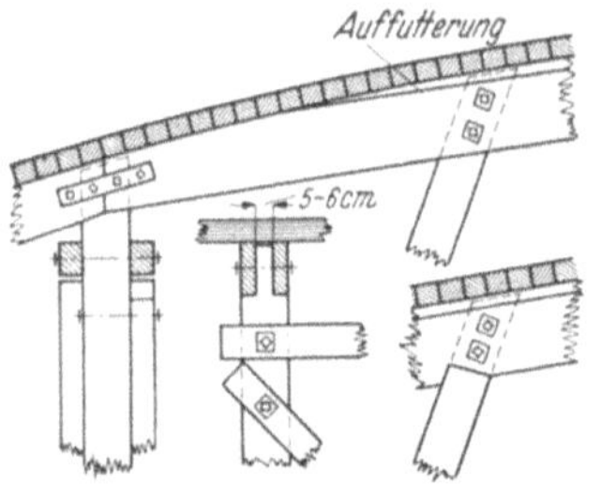

Abb. 51. Verbindung der Pfosten und Streben mit zweiteiligen Kranzhölzern in einem Lehrgerüst (nach Mörsch, 10b).

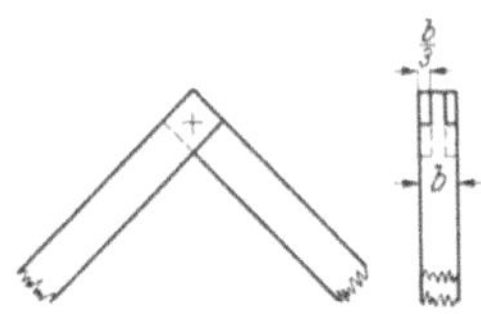

Abb. 52. Scher- oder Schlitzzapfen.

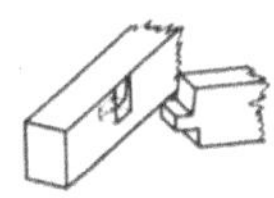

Abb. 53. Brustzapfen.

Dabei ist zu beachten, daß um das Zapfenloch genügend Holz stehen bleibt, damit Risse vermieden werden.

3. Versatz.

Der Versatz dient zum druckfesten Anschluß schräg zusammenlaufender Stäbe[1]. Die übliche Ausführung ist der **Stirnversatz,** wobei die Stirn a—b den Anschlußwinkel halbiert und der $\sphericalangle\, bac$ meist $\geqq 90°$ ist (Abb. 54). Man erhält dadurch die günstigsten Spannungsverhältnisse für Strebe und Schwelle. Oft wird in der Absicht, in der Stirnfläche kleine Pressungen zu erreichen, der Versatz zu tief gemacht; es treten dann in der Fläche a—d besonders bei Zugstäben (Binderuntergurten) ungünstige Spannungen auf, die unter Umständen bedenklich werden können.

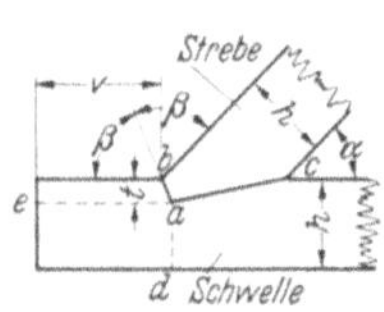

Abb. 54. Einfacher Versatz.

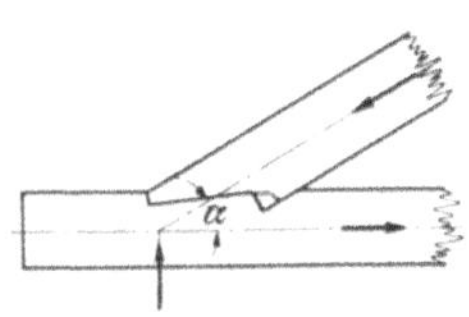

Abb. 55. Doppelter Versatz.

STAUDACHER [*3*] (S. 72) gibt auf Grund von umfangreichen Versuchen ein Dimensionierungsschema für den Fall, daß Strebe und Schwelle gleiche Höhe h haben.

$$\left.\begin{array}{l}\alpha \leqq 50°,\ \text{Einschnittiefe}\ t = {}^1/_4\,\text{h} \\ \alpha \geqq 60°,\ \text{Einschnittiefe}\ t = {}^1/_6\,\text{h}\end{array}\right\}\ \text{Vorholzlänge}\ v = 8\,\text{t}.$$

Ist α kleiner als 50°, so wird die Ausnützung des Stabquerschnittes verbessert, wenn man den doppelten Versatz anwendet (Abb. 55). Das Mißtrauen gegen diese Verbindungsart ist jedoch gerechtfertigt, weil die notwendige Arbeitsgenauigkeit in der Praxis oft nicht vorhanden ist.

[1] TROCHE, A.: Bautechn. 14 (1936) S. 327.

Die Scherspannung in der Fläche $a—e$ soll 9 kg/cm² nicht überschreiten. Ist die Länge beschränkt, wählt man den **Brustversatz** bzw. **Rückversatz** (Abb. 56). Infolge Verdrehung der Stäbe, örtlicher Verdrückungen und Schwindvorgängen kann es vorkommen, daß die Kraft nur durch die Stirn des Versatzes geht und beim Rücken sich eine Fuge öffnet; die Folge davon ist außermittige Beanspruchung der Strebe. Diese ist am geringsten beim Brustversatz, der nahezu wie ein Gelenk wirkt und bei Stabverdrehungen die Ausbildung großer Außermittigkeiten ausschließt. Beim Rückversatz liegt die Gefahr vor, daß der Zahn aussplittert (besonders bei Schwindrissen) und dann die Strebe ausrutscht.

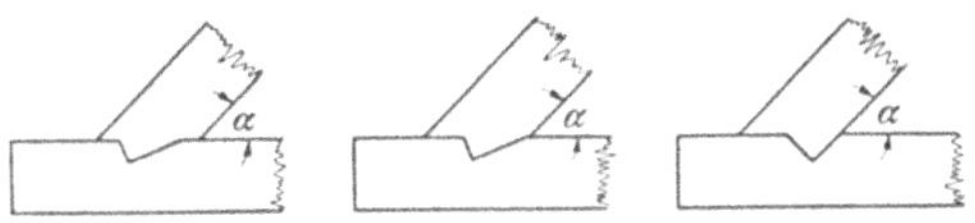

Abb. 56. Brustversatz — Rückversatz.

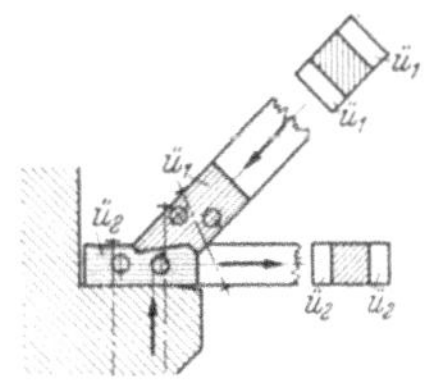

Abb. 57. Versatz an einem Auflagerknotenpunkt unter Verwendung von Überhölzern (nach Kübler).

Vielfach macht die Kraftübertragung Schwierigkeiten; um *zu tiefe Einschnitte* zu vermeiden — hierauf ist besonders zu achten — werden Über- und Zwischenhölzer angeordnet nach Abb. 57. Bisweilen wird auch im Zusammenhang mit dem Versatz ein Teil der Kraft durch beiderseits angenagelte Laschen übertragen; dadurch erhält der Knotenpunkt auch eine gewisse Steifigkeit gegen seitliche Kräfte. Ein dreifacher Versatz, der bisweilen auch ausgeführt wird, ist nicht zu empfehlen, da die gleichmäßige und gleichzeitige Kraftübertragung in den drei Stirnflächen praktisch ausgeschlossen ist.

4. Schrägzapfen.

Gegenüber dem Versatz besitzt der Schrägzapfen (Abb. 58) den Vorteil, daß die Verbindung namentlich gegen seitliche Einwirkung steifer ist. Andererseits lassen die schwierigere Herstellung, die verminderte Festigkeit und die erhöhte Verformbarkeit namentlich bei größeren Anschlußwinkeln die Anwendung nicht geraten erscheinen.

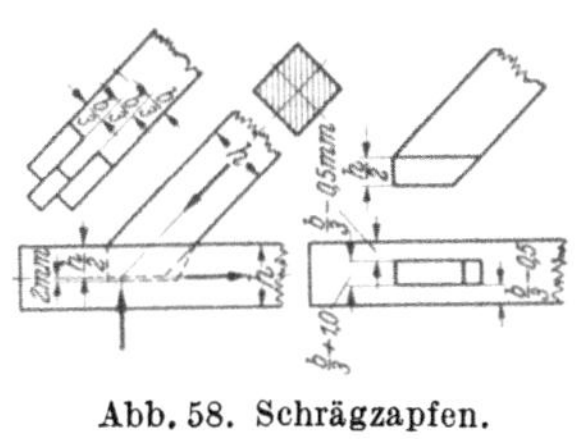

Abb. 58. Schrägzapfen.

5. Zugstoß.

Zur Deckung von Zugstößen werden Laschen aus Holz oder Stahl verwandt; letztere sind im allgemeinen teurer, besonders auch im Hinblick auf die außerordentliche Arbeitserschwernis. Als Verbindungsmittel dienen bei Holzlaschen stets Dübel mit Heftbolzen. Abb. 59 stellt einen derartigen Zugstoß eines zweiteiligen Untergurtstabes dar. Außer den Laschen ist noch ein Zwischenholz zur Kraftübertragung vorgesehen, so daß auf jeden Bolzen vier Dübel entfallen. Hierbei belasten nur die Zusatzkräfte der äußeren Dübel den Schraubenbolzen, während die der mittleren Dübel sich gegenseitig aufheben. Bei Stahllaschen kommen nur stählerne Verbindungsmittel in Frage, entweder nur Bolzen, die im

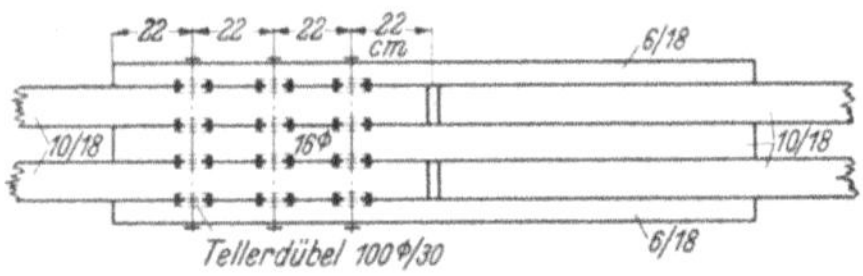

Abb. 59. Zugstoß eines zweiteiligen Untergurtstabes.

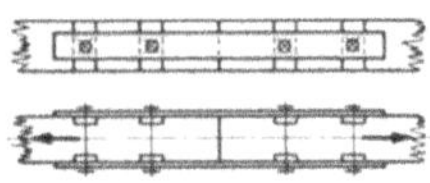

Abb. 60. Zugstoß eines einteiligen Untergurtstabes unter Verwendung von Stahllaschen.

Holzstab auf Biegung beansprucht werden, oder Dübel (Druckstücke, Stollen) mit Bolzen, die auf Abscheren und Lochleibung zu berechnen sind, oder Dübel, die mit den Stahllaschen durch Vernietung oder Schweißung verbunden sind oder mit nabenförmigem Ansatz in ein entsprechendes Laschenloch eingreifen in Verbindung mit Heftbolzen (Abb. 60). Die Verwendung von Stahlteilen in Form von Laschen, Zugankern u. dgl. ist, wie schon oben betont, im Holzbau nicht allein wegen der Kosten der Stahlteile, sondern vor allem wegen der Kosten für den Arbeitslohn unerfreulich. Bei sorgfältiger Arbeit können auf der beim Verzimmern oben liegenden Seite bei einem derartigen Zugstoß die Bohrlöcher im Holz mit denen der vorbereiteten Stahllaschen ziemlich genau passend übereinstimmen. Auf der Unterseite bleibt aber gar nichts anderes übrig, als die Stahllaschen Stück um Stück entsprechend dem Verlaufen der Bolzenlöcher — das läßt sich eben nicht vermeiden — anzuzeichnen und zu bohren, wobei dann jede einzelne Lasche genau gekennzeichnet werden muß, damit sie draußen auf dem Bau an die richtige Stelle kommt und nicht überall Flickarbeit nötig wird. Werden bei Mittellagen noch Stahllaschen notwendig, so wird die Arbeit natürlich noch viel schwieriger.

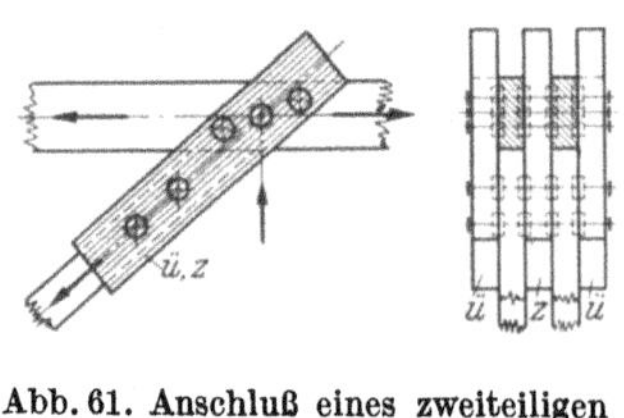

Abb. 61. Anschluß eines zweiteiligen Diagonalstabes an einem zweiteiligen Gurt (nach Kübler).

Abb. 61 zeigt den Anschluß eines zweiteiligen Diagonalstabes an einen ebenfalls zweiteiligen Gurt (die Hölzer liegen in der gleichen Ebene) mittels Überhölzer (*ü*) und Zwischenhölzer (*z*). Die Anzahl der Dübel für den Anschluß der Beihölzer an den Gurt (Beanspruchung schräg zur Faser) ist größer als für den Anschluß an die Diagonale (Beanspruchung // zur Faser). Um die Dübel unterbringen zu können, muß man die Beihölzer unter Umständen breiter nehmen als den Füllstab. Im allgemeinen schließt man im Holzbau die Füllungsstäbe *unmittelbar* an die Gurte an. In der KÜBLER*schen Bauweise* werden Über- und Zwischenhölzer nur bei größeren und wichtigeren Konstruktionen angewandt, besonders dann, wenn man die Formänderung in engen Grenzen halten will. Diese Beihölzer übertragen die Kräfte parallel bzw. senkrecht bzw. schräg zu den Gurten. *Christoph* & *Unmack* dübeln dagegen beispielsweise Knaggen unter den Obergurt bzw. auf den Untergurt, um die erforderliche Anschlußfläche zu schaffen. Bezüglich der Berechnung und der Bemessung der Laschen aus Holz sei nochmals auf die Ergebnisse der neueren Versuche von GRAF [*11*f, *11*h] hingewiesen. (Vgl. auch S. 17). Der deutsche Normenausschuß hat vorgeschlagen, die für die Bemessung der Laschen maßgebende Kraft mit 1,5 zu vervielfachen. Empfehlenswert ist, die Laschenenden durch Heftschrauben oder Nägel gegen Werfen und Verziehen zu sichern.

6. Überschneidung.

Bei der Überschneidung werden Zugstäbe (meist zweiteilig) an einen Gurt unmittelbar angeschlossen. Die Stäbe werden soweit ausgeschnitten (Zangen), daß sie ihre Kraft senkrecht oder schräg (mit Versatz) zum Gurt abgeben (Abb. 62). Auch kann ein einteiliger Zugstab im Zwischenraum eines zweiteiligen Gurtes liegen. Die Überschneidung kann als unmittelbare Stabverbindung nur bei kleinen Stabkräften angewandt werden, für deren Aufnahme aus konstruktiven Gründen meist überbemessene Stabquerschnitte vorhanden sind. Zu beachten ist, daß die Hölzer *vollkommen scharfkantig* sein müssen.

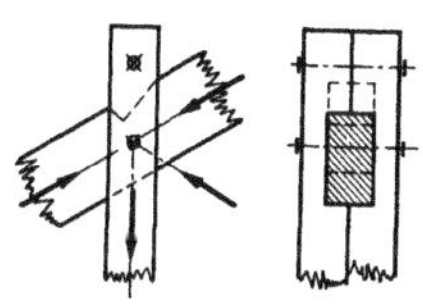

Abb. 62. Überschneidung.

7. Stabverbindungen mit Knotenplatten.

Greifen an einem Knotenpunkt mehrere Stäbe an oder bilden die Gurte eines Fachwerkes einen scharfen Knick (z. B. ausspringende oder einspringende Ecken eines Drei- oder Zweigelenkbogens), so werden bisweilen Knotenplatten verwandt; diese sind den Knotenblechen im Stahlbau nachgebildet; sie sind wirtschaftlich in allen den Fällen, in denen auf die Kosten gesehen wird, nicht vertretbar. Stählerne Knotenplatten, die an sich konstruktiv durchaus einwandfrei sind, haben sich nicht bewährt und kommen heute nur in Ausnahmefällen vor. Knotenplatten aus Sperrholz werden neuerdings vielfach verwandt; sie bestehen aus Brettern aus Fichtenholz, 20—26 mm dick, die kreuzweise in 3—6 Lagen mit Kauritleim unter hohem Druck verleimt werden. Es ist anzunehmen, daß bei der Güte der Kunstharzverleimung damit bessere Erfahrungen gemacht werden als mit den vor Jahrzehnten verwandten Sperrholzplatten aus Buchenfurnieren.

Außer den hier angeführten Holzverbindungen — bezüglich weiterer einwandfreier Beispiele sei besonders auf [7] verwiesen — gibt es noch eine große Anzahl, die nur handwerksmäßig vom Zimmermann ausgeführt werden, Verkämmung, Verblattung, Aufklauung usw. Bei diesen „*zünftigen*“ Verbindungen ist das Bestreben vorhanden, nach Möglichkeit auch Zugkräfte aufzunehmen, um ein Auseinandergleiten der Hölzer zu vermeiden. Rechnet man derartige Verbindungen nach, so findet man, daß die Kräfte, die günstigsten Falles aufgenommen werden können, doch recht bescheiden sind. Die zimmermannsmäßigen Verbindungen, die vielfach sehr kunstvoll sind und einen hohen Grad handwerklichen Könnens voraussetzen, sind landschaftlich verschieden [5].

IV. Die Tragwerke im allgemeinen.

Bei schwereren Lasten und größerer Stützweite ergibt die Rechnung Balkenquerschnitte, die sich in der verlangten Länge nur sehr schwer beschaffen lassen. Man muß dann zu zusammengesetzten Tragwerken übergehen.

Die unter A und B beschriebenen Ausführungen werden durchweg rein handwerklich hergestellt; dabei ist aber die Verwendung neuzeitlicher Dübel überaus zweckmäßig.

A. Der verdübelte Balken.

Es werden zwei, im Brückenbau auch bisweilen drei Balken aufeinander gelegt und durch Dübel und Bolzen miteinander verbunden. Von der Wirksamkeit der Dübel, dem Feuchtigkeitsgehalt des Holzes und vor allem von der Güte der Arbeit hängt es ab, inwieweit der Querschnitt die Tragfähigkeit eines entsprechenden einheitlichen Querschnittes erreicht. Ganz wird dies *nie* der Fall sein. Nach DIN 1052 ist für den „*Wirkungsgrad*“ bei zwei Balken 0,85, bei drei Balken 0,7 sowohl für das Widerstandsmoment (Tragfähigkeit) wie für das Trägheitsmoment (Durchbiegung) einzusetzen. Es ist jedoch m. E. nichts dagegen einzuwenden, daß, wer an Hand von Versuchen einen größeren Wirkungsgrad bei seinen verdübelten Balken nachweisen kann, entsprechend auch günstiger rechnen darf. Auf Grund von Versuchen, über die GRAF seiner Zeit berichtet hat, hat KÜBLER-Stuttgart wiederholt bei aus zwei Teilen zusammengesetzten Balken mit einem Wirkungsgrad von 0,95 und sogar 1,0 gerechnet.

Bei rechteckigen Zimmermannsdübeln, die durchweg aus Eichenholz hergestellt werden, beträgt die zweckmäßige Einschnittiefe $^1/_8$ bis $^1/_{10}$ der Höhe der Einzelbalken. Verlaufen die Fasern der Dübel parallel oder annähernd parallel mit denen der Balken (Längs- oder Zahndübel), so ist das Hirnholz des Nadelholzes der schwächere Teil ($\sigma_{zul} = 80$ kg/cm^2).

Das Umgekehrte ist bei den Querdübeln der Fall, wo die Fasern der Dübel senkrecht zu denen der Balken gerichtet sind ($\sigma_{zul} = 40$ kg/cm² für Hartholz quer zur Faser). In diesem Falle ist eine größere Nachgiebigkeit der Konstruktion infolge des Lockerns durch das Schwinden vorhanden.

Um das Durchhängen nach Möglichkeit zu verhindern, gibt man dem verdübelten Balken vor seinem Zusammenbau und seiner Verlegung nach der Mitte hin eine Überhöhung oder Sprengung. Die Balken werden miteinander verbolzt, und die Dübellöcher in einem Arbeitsgang mit einer

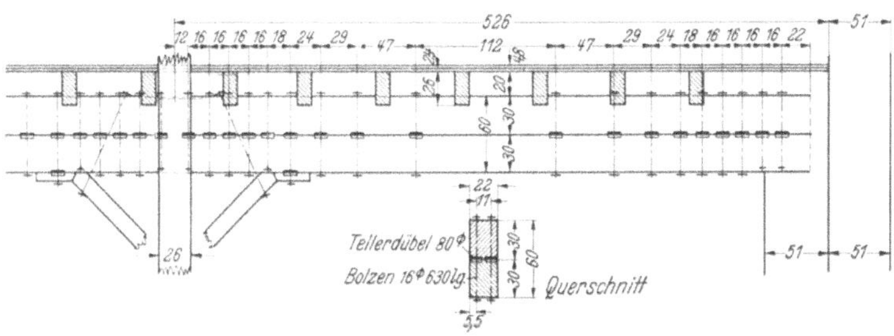

Abb. 63. Verdübelter Balken als Deckenunterzug. Sackspeicher der Kaliwerke Aschersleben, Schachtanlage Hattorf.

Kettenstemmaschine hergestellt. Abb. 63 zeigt Dübelbalken als Deckenunterzüge im Sackspeicher der Kaliwerke Aschersleben, Schachtanlage Hattorf (Ausführung: Christoph & Unmack). Dübelbalken werden bis 15 m Stützweite ausgeführt.

Bei Bauten für *vorübergehende Zwecke* kann man sich auch mit der Anordnung nur verklammerter bzw. verbolzter Balken begnügen. Es ist dann darauf zu achten, daß der Feuchtigkeitsgehalt des Holzes unverändert erhalten bleibt. Um die Reibung in den Berührungsflächen zu erhöhen, ist es unter Umständen zweckmäßig, sie mit scharfem Sand zu bestreuen und dann erst die Bolzen kräftig anzuziehen.

B. Hängewerk, Sprengwerk, Hängesprengwerk.

Reicht der normale Balkenquerschnitt nicht aus und ist in der Ebene des Balkens oberhalb bzw. unterhalb Platz vorhanden, wie z. B. bei Dachstühlen, Brücken, Gerüsten usw., so besteht eine andere Möglichkeit in der Anordnung eines **Hängewerkes** bzw. **Sprengwerkes** bzw. eines **vereinigten Hänge- und Sprengwerkes.** Je nach der Zahl der Aufhänge bzw. Unterstützungspunkte unterscheidet man *einfache* und *doppelte* Hänge- bzw. Sprengwerke. In Abb. 64 wird rechnerisch die halbe Last, die gleichmäßig verteilt auf den waagerechten *Spann-* oder *Streckbalken* kommt, in der Mitte durch die *Hängesäule* oder den *Hängepfosten* über die

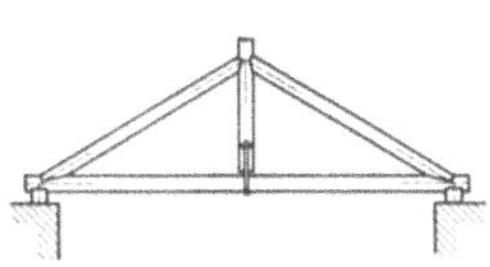

Abb. 64. Einfaches Hängewerk.

beiden *Streben* in die Auflager übertragen. Abb. 64a zeigt den Anschluß der Hängesäule an den Streckbalken unter Verwendung von zwei Flach-

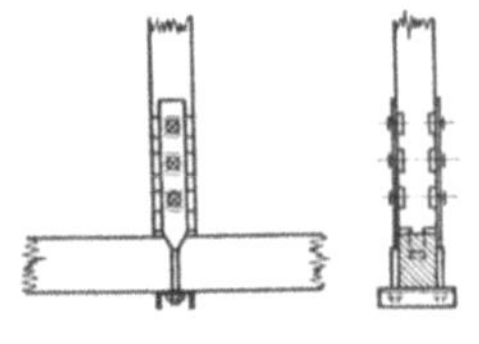

Abb. 64a. Anschluß der Hängesäule an den Streckbalken.

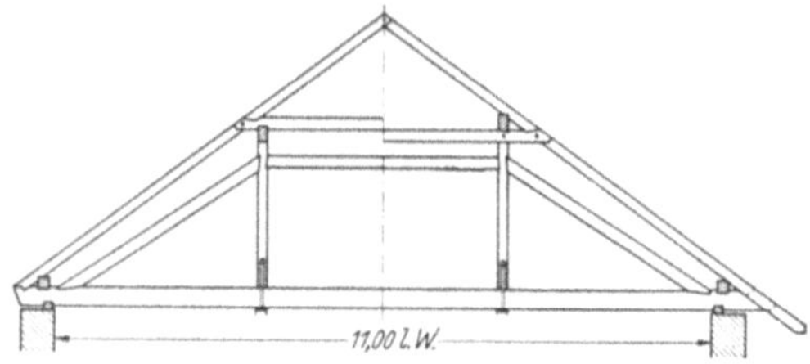

Abb. 65. Doppeltes Hängewerk.

stahllaschen, die in einem Rundstahl mit Gewinde endigen, und einem ⊔ Stahl-Querstück. In Abb. 65 ist ein doppeltes Hängewerk als tragende Konstruktion für ein Dach dargestellt (links *Kehlbalkendach*, rechts *Pfettendach*). Der waagerechte Stab zwischen den beiden Hängesäulen heißt *Spann-* oder *Brustriegel*. Abb. 65a zeigt den Knotenpunkt, an dem Strebe, Hängesäule und Spannriegel zusammenstoßen, bei schweren Lasten unter Verwendung eines Knotenbleches. Beim **Sprengwerk** liegt die Tragkonstruktion unter dem Balken, der in einem (Abb. 66) oder zwei (Abb. 67) Punkten abgestützt ist. Die waagerechte Seitenkraft, kurz Schub genannt, muß hier vom Widerlager aufgenommen werden, während sie beim Hängewerk in den Streckbalken geht. Der Spannriegel in Abb. 67 ist zur Verstärkung des Balkens noch mit diesem verdübelt

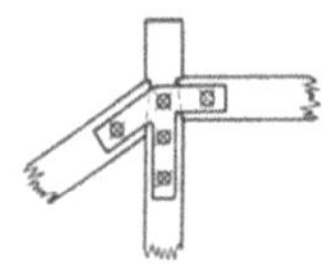

Abb. 65a. Anschluß der Hängesäule an die Strebe und an den Spannriegel.

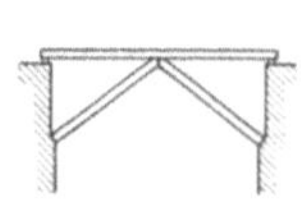

Abb. 66. Einfaches Sprengwerk.

Abb. 67. Zweifaches Sprengwerk.

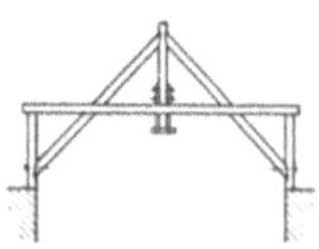

Abb. 68. Hängesprengwerk.

und verbolzt. Abb. 68 zeigt das **Hängesprengwerk,** das eine Vereinigung von Hänge- und Sprengwerk darstellt. Damit die Streben ungestoßen in einem Stück durchgehen können, muß der Streckbalken zweiteilig angeordnet werden.

C. Die neueren, ingenieurmäßig durchgebildeten Tragwerke (Ingenieurholzbau) [*7*, *8*, *9*].

In den letzten 20 Jahren ist der *Ingenieurholzbau* ein wichtiges Anwendungsgebiet des Holzbaues geworden, das nach außen hin stark in die Erscheinung tritt. Ausstellungs- und Festhallen (leider sehr oft von nur kurzer Verwendungsdauer), Tribünen, Türme, Fabrikhallen, Flugzeughallen, Lokomotivheizhäuser, Wagenschuppen, Lagerhallen (insbesondere zur Lagerung von Salzen, Phosphaten, Kunstdünger usw.) von ganz erheblicher Spannweite werden in Holz errichtet. Hier hat sich die Widerstandsfähigkeit des Baustoffes Holz gegenüber den Angriffen von Rauchgasen und gegen chemische Einflüsse besonders bewährt. Auch unsere Vorfahren haben schon Holzbauwerke von bewundernswertem Umfang und Abmessungen errichtet. Der Wandel, der gegenüber früher eingetreten ist, besteht in der Hauptsache darin, daß an Stelle der äußerst verwickelten und undurchsichtigen statisch unbestimmten Systeme heute klare, statisch bestimmte Tragwerke gewählt werden, bei denen sich die einzelnen Stabkräfte mit ziemlicher Sicherheit ermitteln lassen. Als statisch unbestimmte Systeme kommen nur der durchlaufende Träger, der Zweigelenkbogen und der Rahmen in Frage.

Das zu Ingenieurholzbauten verwendete Holz muß natürlich gesund, möglichst trocken und feinringig sein; es darf vor allem nicht drehwüchsig sein. Für Zugstäbe und besonders für Zuglaschen ist möglichst astarmes, hochwertiges Holz zu wählen. Schwierigkeiten bestehen nicht in der Wahl der Querschnitte, sondern in der konstruktiven Durchbildung der Knotenpunkte.

1. Vollwandbinder.

a) Balkenbinder.

Vollwandbalken, die den I-Querschnitten des Stahlbaues nachgebildet sind, kommen in verdübelter, verleimter oder vernagelter Form vor. Die obere Grenze der Spannweite beträgt etwa 15 m. Als Bauhöhe ist ähnlich wie bei Stahlkonstruktionen $^1/_8$ bis $^1/_{12}$ der Spannweite erwünscht. In der einfachsten Form besteht der Steg aus einer hochkant gestellten Bohle, die mit den Gurten (meist auch Bohlen) durch Dübel und Bolzen bzw. durch Verleimung und Vernagelung verbunden ist (Querschnitt, Abb. 69). In neuerer Zeit werden als Stege auch kunstharzverleimte Sperrholzplatten benutzt, die mit den zweiteiligen Gurthölzern ebenfalls verleimt werden. Hier ist der Nachteil des Schwindens des Holzes quer zur Faser fast gänzlich beseitigt. Die erste Ausführung dieser Art zeigt Abb. 70, Binder für einen Bau der I. G. Farbenindustrie, Ludwigshafen (Ausführung: Kübler). Als Stege sind kauritverleimte Sperrholzplatten aus Buchenholz verwendet, an die die Gurtungen ebenfalls angeleimt sind. Damals wurden auch noch vorsorglich Dübel — mit Rücksicht auf die geringe Dicke des Steges von 30 mm versetzt — angeordnet. Ein weiteres Beispiel ähnlicher Art ist in Abb. 71 dargestellt. (Ausführung: Christoph & Unmack.) Die Stöße des Steges, der 25 mm dick ist, sind durch aufgeleimte Sperrplattenstücke gedeckt. Der

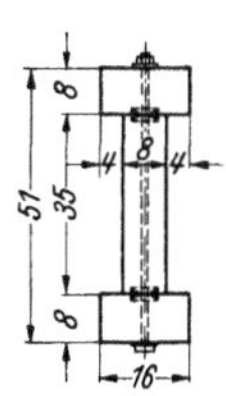

Abb. 69. Zusammengesetzter Balkenquerschnitt.

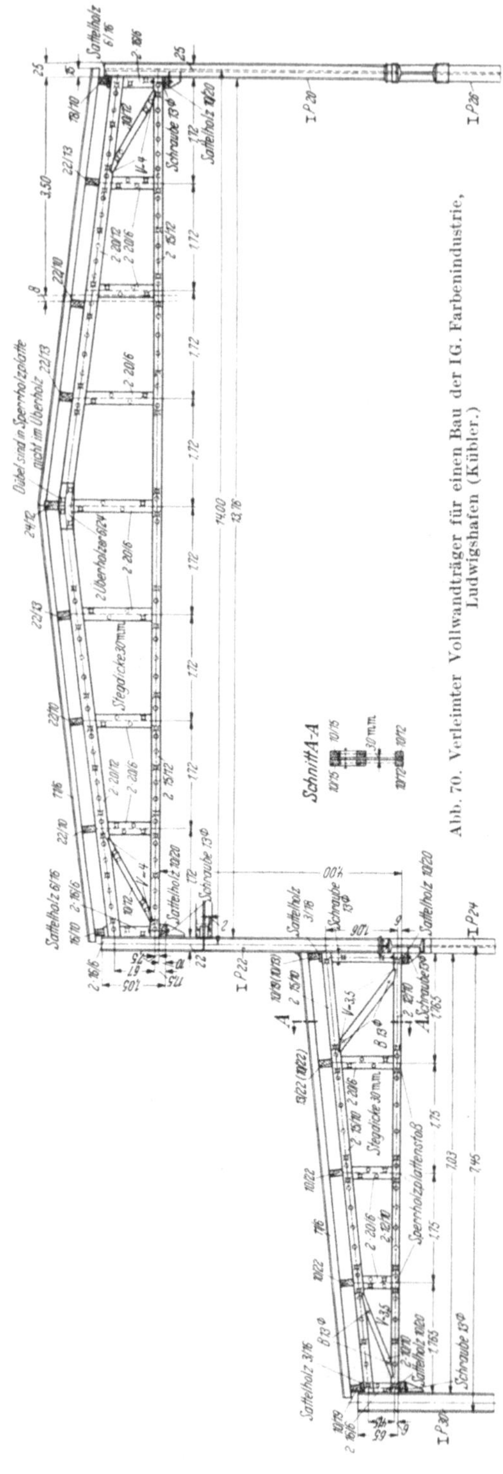

Abb. 70. Verleimter Vollwandträger für einen Bau der I.G. Farbenindustrie, Ludwigshafen (Kübler.)

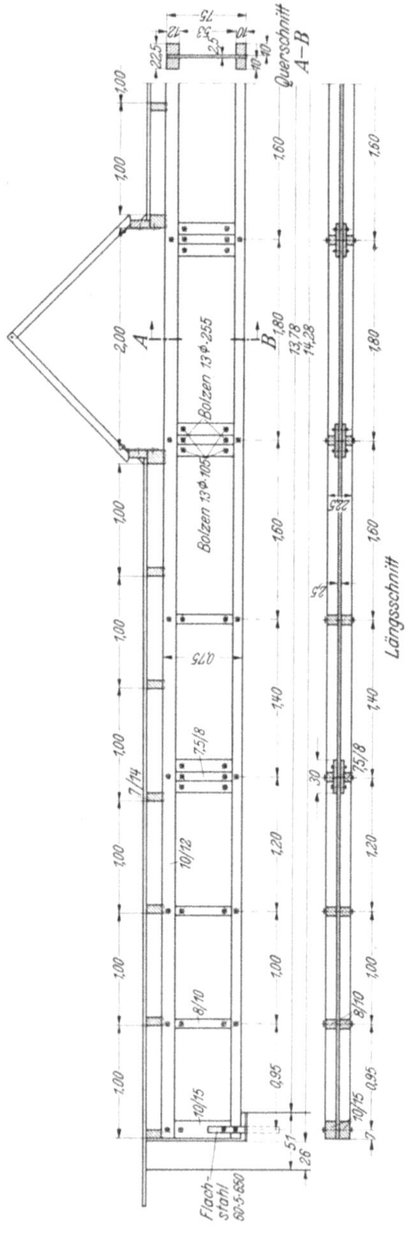

Abb. 71. Verleimter Vollwandträger (Christoph & Unmack).

Träger ist in gleicher Weise wie in Abb. 70 durch Kantholzaussteifungen gegen Ausbeulen des Steges gesichert. Zur Verleimung wurde ebenfalls Kauritleim benutzt.

Das Anpressen der zu verleimenden Werkstücke geschah durch Heftschrauben, die nach dem Erhärten des Leimes zur Sicherheit in der Konstruktion verblieben. Derartige Konstruktionen lassen sich auch gut als statisch unbestimmte Systeme verwenden [*11* d]. Billiger in der Her-

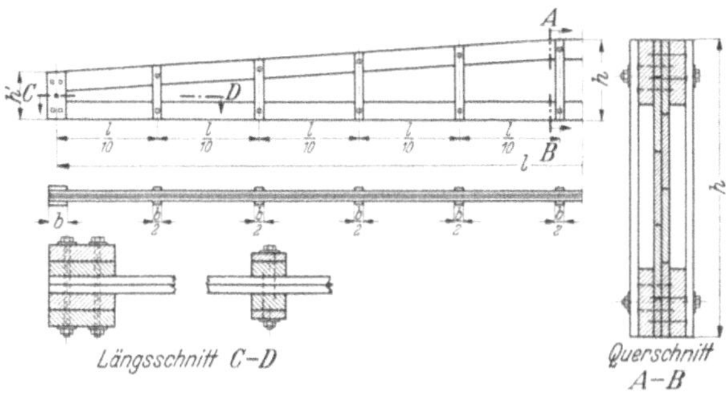

Abb. 72. Vollwandbinder nach den russischen Normen.

stellung sind genagelte Vollwandbinder. Der Steg besteht aus zwei Lagen Brettern, die kreuzweise miteinander vernagelt sind. Der Anschluß an die ebenfalls zweiteiligen Gurthölzer erfolgt durch Dübel und Bolzen bzw. auch durch Nägel. Abb. 72 ist ein Beispiel aus den russischen Normenvorschriften [*9*].

Eine andere Ausführung in Form eines hohlen Kastenträgers zeigt Abb. 73. Obergurt und Untergurt bestehen aus je einem Kantholz, dem man bei dem Zusammenbau bequem eine entsprechende Überhöhung geben kann. Auf die Kanthölzer sind beiderseitig Bretter aufgenagelt, und zwar entsprechend den auftretenden schiefen Hauptspannungen als fallende Diagonalen. Diese bekommen Zugspannungen, die senkrecht dazu wir-

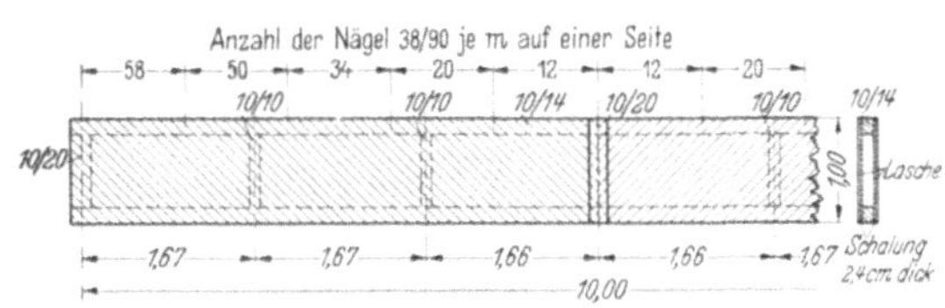

Abb. 73. Hohlkastenträger.

kenden Druckspannungen werden ebenfalls von den Brettern — Druck quer zur Faser (die etwa vorhandenen Fugen schließen sich) — aufgenommen; die Anwendung von Nut und Feder ist daher nicht empfehlenswert. Außerdem werden in bestimmten Abständen zwischen Ober- und Untergurt Kanthölzer stumpf eingesetzt, die ebenfalls mit den Brettern vernagelt sind. In gleicher Weise werden zweckmäßigerweise am Auflager schräge Druckstreben, die mit Versatz in den Untergurt und

Obergurt eingreifen, angeordnet. Derartige Träger haben sich als außerordentlich steif erwiesen [9].

Geleimte Vollwandbalkenbinder HETZERscher Bauweise (Querschnitt nach Abb. 22) werden nur noch selten verwandt.

b) Bogenbinder.

Dieser eben genannte Querschnitt ist dagegen in neuerer Zeit wiederholt zur Herstellung von vollwandigen Bogen- und Rahmenbindern —

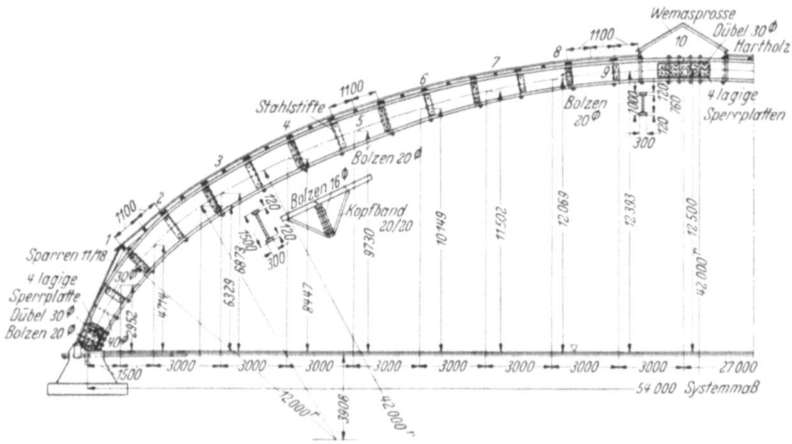

Abb. 74. Salzlagerspeicher Doesburg (Holland) Binderkonstruktion.

Zweigelenkbogen, Dreigelenkbogen mit und ohne Zugband — verwandt worden. Die vollwandigen Bogenbinder haben ihren Ursprung in den Bohlenbogen von de l'Orme, Gilly, Emy usw. Abb. 74 Salzlagerspeicher Doesburg (Holland) (Ausführung: Christoph & Unmack). Stützweite 54,00 m, Binderentfernung 5,40 m[1]. Abb. 75 stellt den Stoß der Lamellen bzw. die Anfänge der neuen Lamellen, die schräg angehobelt sind, schematisch dar.

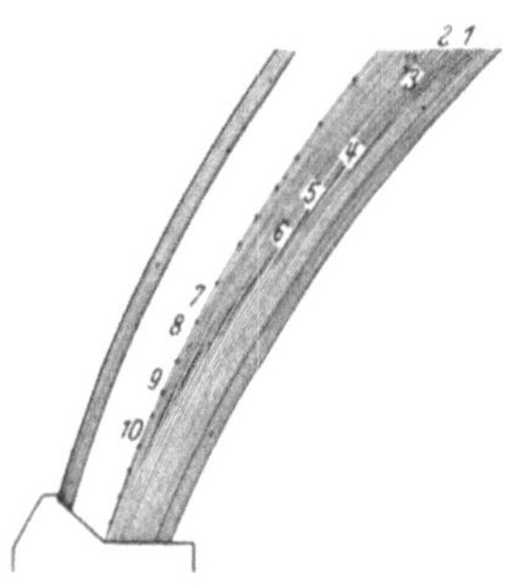

Abb. 75. Einzelheit am Auflager — Stoß der Lamellen.

Eine andere Ausführungsmöglichkeit unter Verwendung von Drahtstiften zeigt Abb. 76, Reithalle der Stadt Bernburg a. d. S., Stützweite 21,0 m; die Stiele und Füllungsglieder bestehen aus Kantholz (maximal 18/18 cm), während die äußere Schalung — 20 mm dick — auf Zug beansprucht wird. Es sei besonders auf die sorgfältige Aussteifung der gedrückten Untergurte durch vollwandige Kopfbänder aufmerksam ge-

[1] SCHAUF, H.: Bautechn. 12 (1934) S. 549.

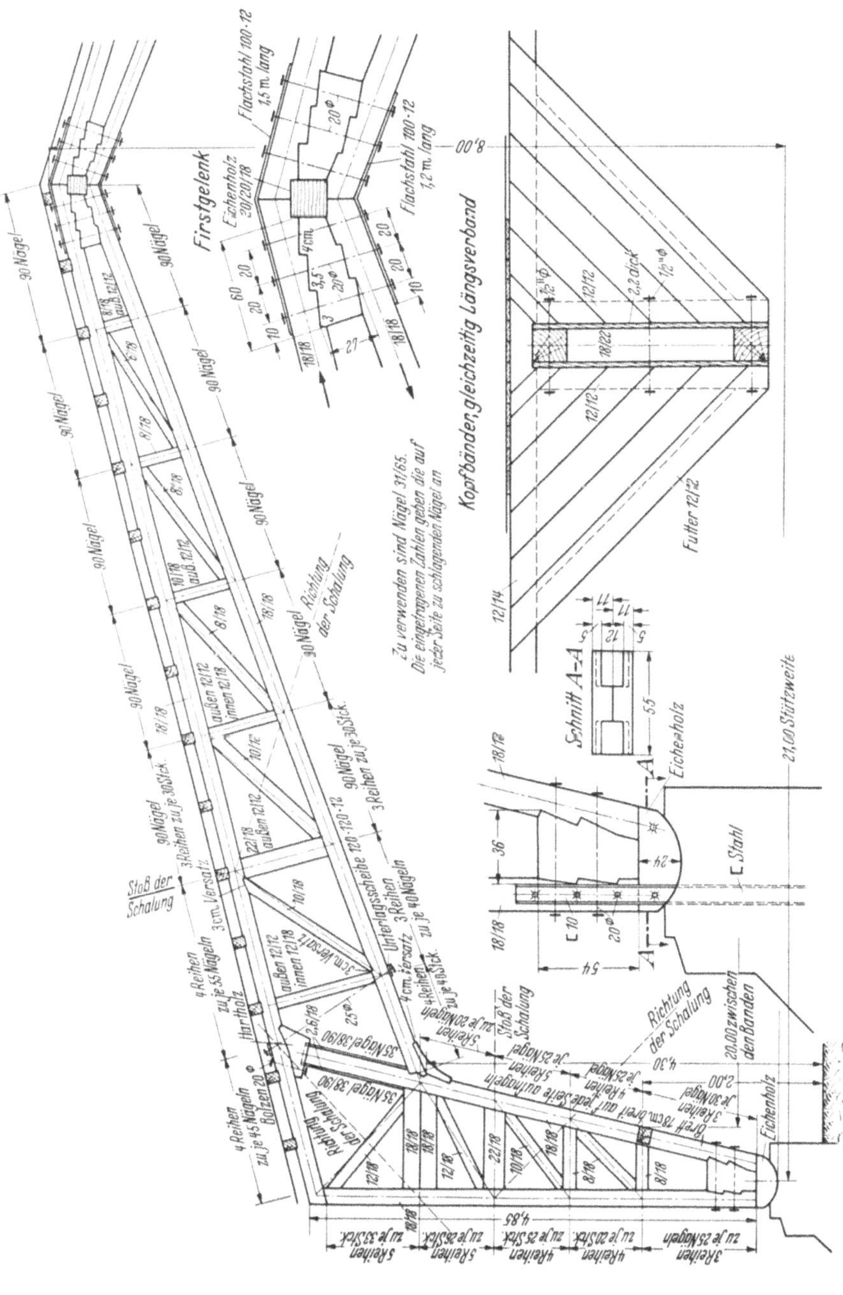

Abb. 76. Binder der Reithalle in Bernburg a. d. S.

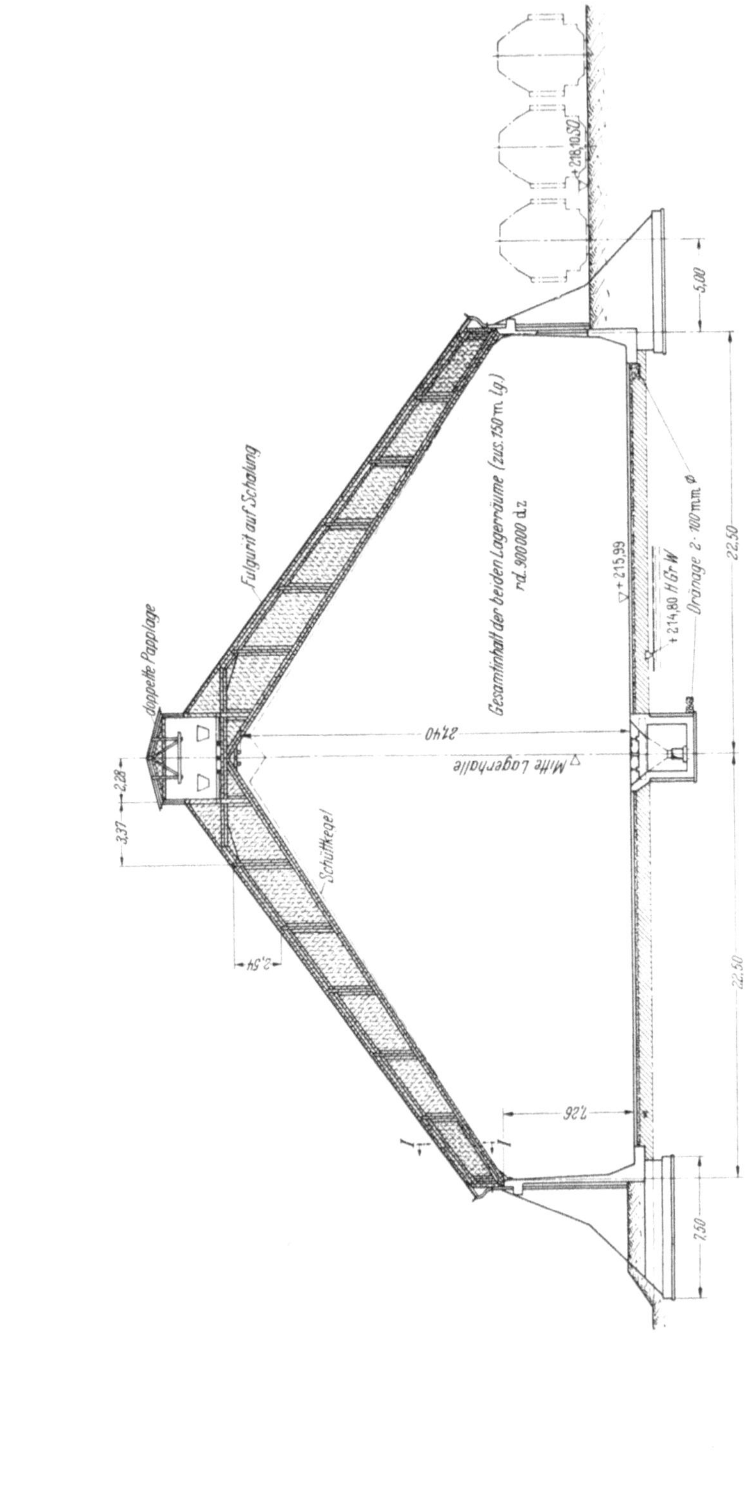

Abb. 77. Chlorkalium-Speicheranlage der Gewerkschaft Wintershall in Heringen a. d. Werra. Querschnitt der Lagerhalle (Bauing. 20 (1939) Heft 25/26, Tafel II).

macht. (Entwurf: Der Verfasser; Ausführung: Zimmermeister O. Bosse Harzgerode[1].)

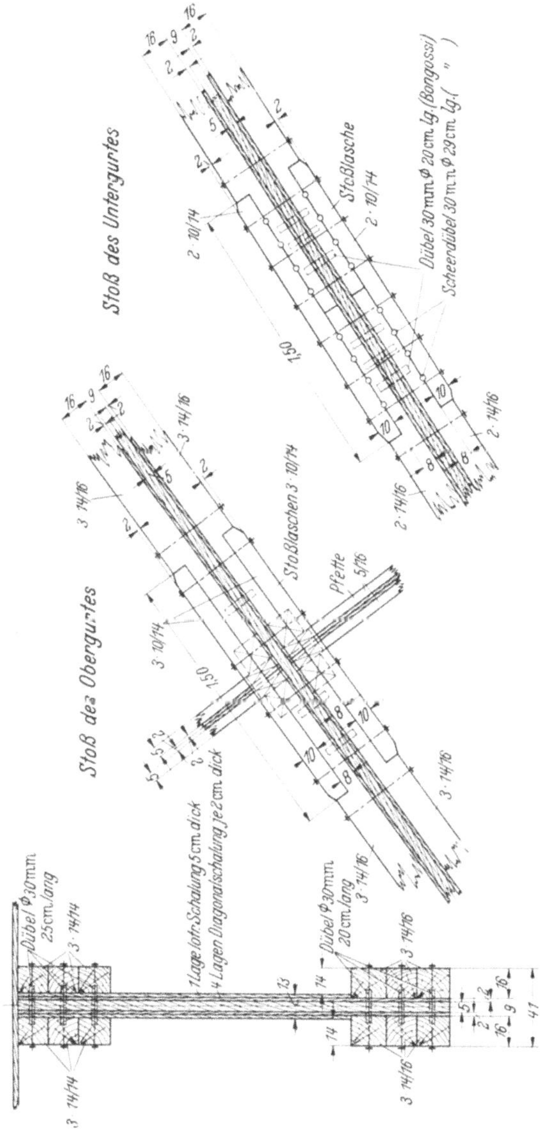

Abb. 77a. Einzelheiten — Querschnitt durch den Binder, Stoß am Ober- und Untergurt.

Abb. 77 stellt eine weitere vollwandige Ausführung in der Bauweise Cabröl unter Verwendung von Biegedübel aus Bongossiholz (sofern nichts

[1] Schmidt, K.: Der Baumeister 37 (1939), Heft 3, S. B 76.

anderes bemerkt ∅ 30 mm — Bolzen ∅ 16 mm —) dar. — Chlorkalium-Speicher-Anlage der Gewerkschaft Wintershall-Heringen a. d. Werra. Stützweite 45 m, Binderentfernung 10 m[1].

Abb. 77b. Halle im Bau — kurz vor der Vollendung.

[1] TRYSNA, Fr.: Zbl. Bauverw. 58 (1938) S. 1307—1314. Bauing. 20 (1939) S. 333—339.

Genagelte Bogenbinder, bei denen der Steg aus zwei sich rechtwinklig kreuzenden Bretterscharen besteht, an die als Gurte mehrere entsprechend der Bogenform hochkant gebogene Bretter genagelt werden, stehen heute im Vordergrund des Interesses. Denn es besteht die Möglichkeit, auch bei größten Spannweiten mit verhältnismäßig schwachen und kurzen Hölzern auszukommen; ihre Herstellung kann mit mindergeschulten Kräften bei entsprechender Aufsicht erfolgen. Versuche mit derartigen Querschnitten zur Bestimmung der Momentenfähigkeit an der Technischen Hochschule Wien durch Professor Dr.-Ing. E. MELAN zeigten, daß von der dem Steg zunächst liegenden Lamelle etwa 80%, von der

Abb. 77c. Blicke in das Innere der fertig gerichteten Halle vor der Verschalung.
Abb. 77b u. 77c, entnommen Bauing. 20 (1939) S. 336.

nächsten 60%, dann 40% und von der vierten nur mehr 20% des Trägheitsmomentes in Rechnung zu stellen sind. Das Trägheitsmoment des Steges selbst ist zu vernachlässigen, das der Decklamellen (ein oder zwei, die die Gurte in waagerechter Richtung abschließen) etwa mit dem arithmetischen Mittel der seitlichen Lamellen anzunehmen. Unter diesen Annahmen ergaben die Versuche bei einer zulässigen Biegungsspannung von 100 kg/cm² etwa die im allgemeinen verlangte dreifache Sicherheit gegen Bruch. Die Durchbiegungen — festgestellt an geraden Balken — betrugen bei der so ermittelten Nutzlast etwa $^1/_{400}$ bis $^1/_{500}$ der Spannweite (vgl. MELAN in [*11*i], S. 25—27).

Die beiden nächsten Abb. 78 u. 79 zeigen vollwandige Dreigelenkbogen mit Zugband (Ausführung: KÜBLER). In Abb. 78 — Binder über

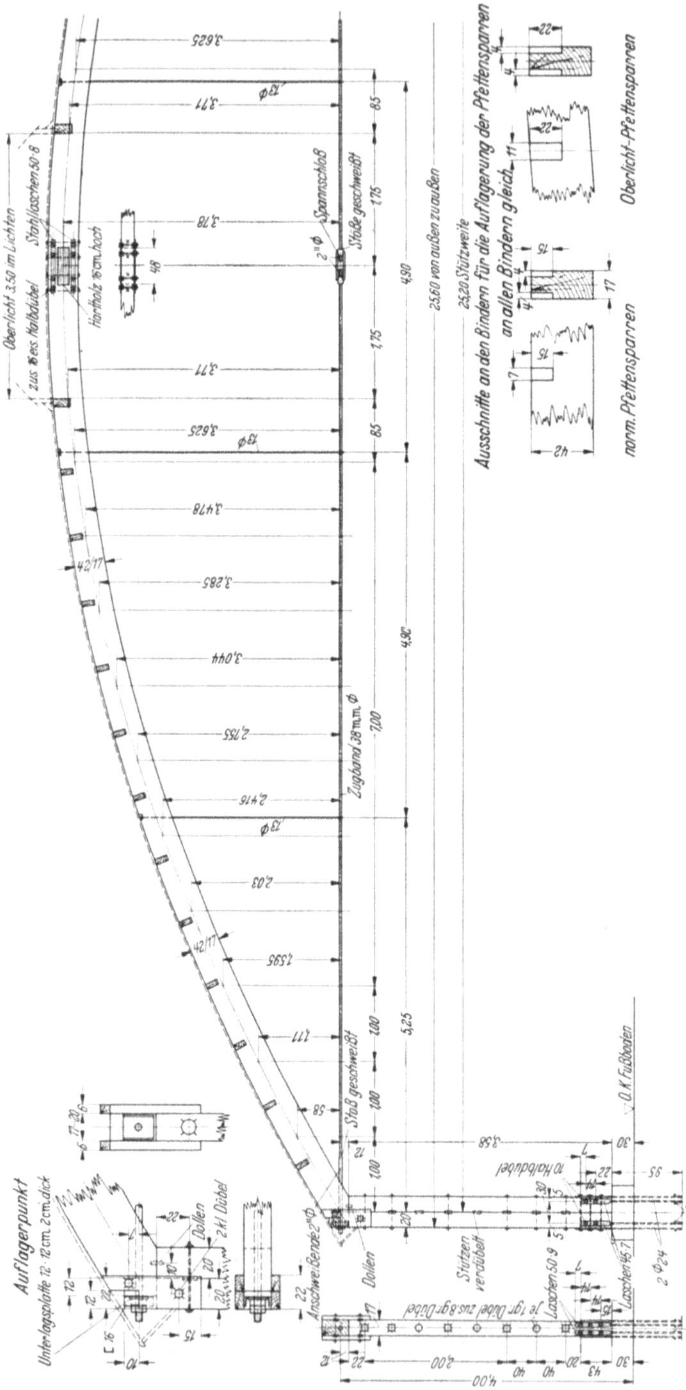

Abb. 78. Vollwand-Dreigelenkbogen mit Zugband (Dampfsägewerk J. Weber, Göppingen).

dem Dampfsägewerk J. Weber, Göppingen — besteht der Obergurt aus einzelnen Lamellen von 40 mm Dicke, die mit Kasein verleimt und mit Hilfe von Schraubenzwingen über eine gekrümmte Schablone gebogen

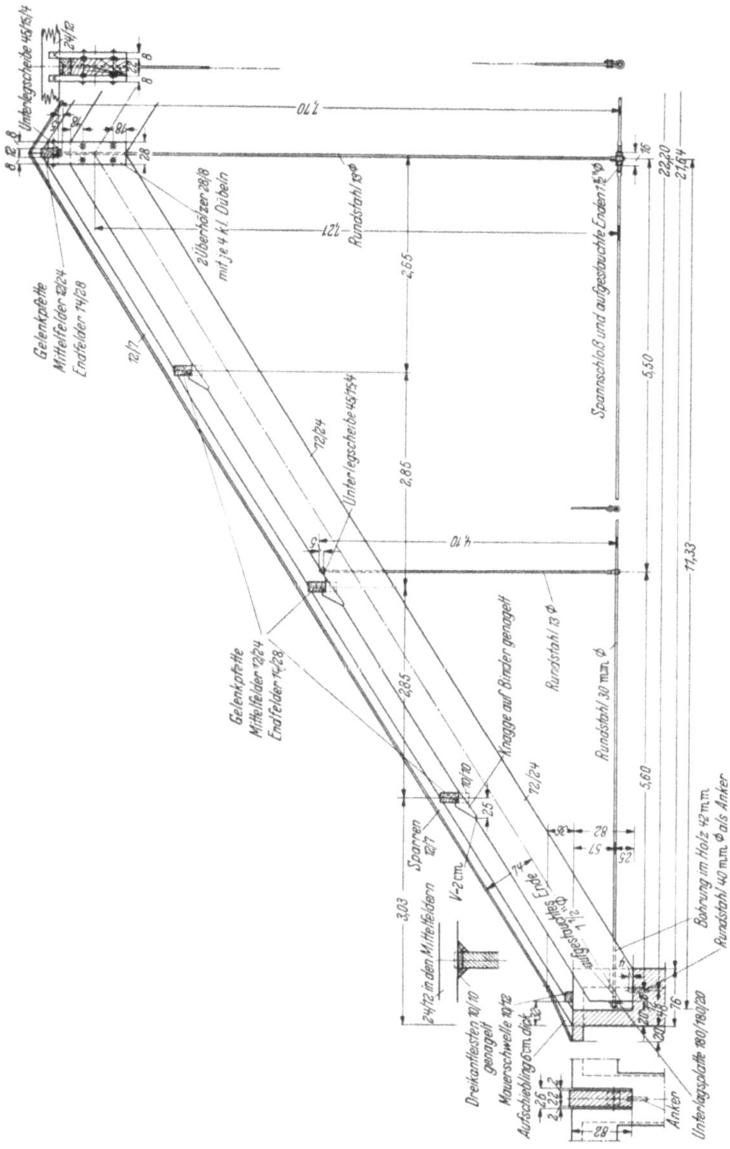

Abb. 79. Vollwand-Dreigelenkbogen mit geradem Obergurt für ein Reithaus.

worden sind. Die einzelnen Lamellen wurden mit einigen wenigen Heftnägeln in ihrer Lage gehalten, bis das ganze Paket beisammen war und dann auf einmal gebogen wurde. In Abb. 79 ist der Obergurt gerade.

Infolgedessen konnten auch die Einzelquerschnitte, die ebenfalls mit Kasein verleimt sind, dicker gewählt werden, 9/24 cm.

Abb. 80 zeigt das Bindersystem eines versteiften Stabbogens,

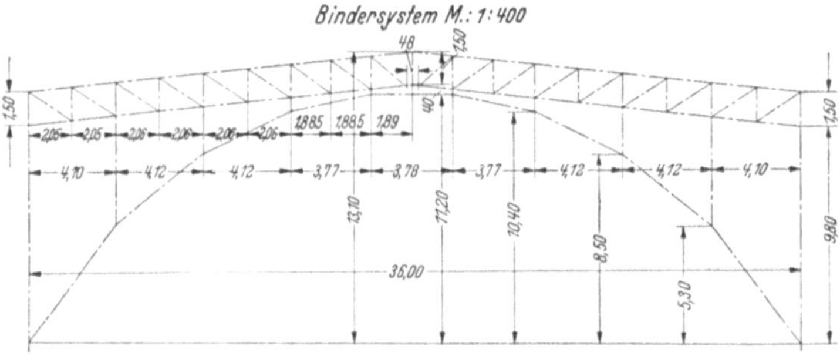

Abb. 80. Nibelungenhalle in Passau. Bindersystem eines versteiften Stabbogens.

Nibelungenhalle in Passau (Architekt: Dipl.-Ing. K. Kieffer, Passau; Statische Berechnung, konstruktive Durchbildung und Ausführung der Holzkonstruktion: Kübler[1]).

2. Fachwerkbinder.

Wenngleich heute im Fachwerkbau unter Benutzung der neuzeitlichen Holzverbindungsmittel fast alle Bindertypen möglich sind, ist es doch zweckmäßig, gewisse Gesichtspunkte zu beachten, die den *besonderen Eigenschaften des Baustoffes Holz* Rechnung tragen.

Der *Untergurt* verläuft bei Balkenbindern geradlinig, meist waagerecht, d. h. er bekommt beim Abbinden eine Überhöhung, die so bemessen ist, daß er bei Vollast keinesfalls durchhängt. Das Maß der Überhöhung richtet sich nach der Art der Verbindungsmittel, dem Feuchtigkeitsgehalt des Holzes und der Sorgfalt bei der Herstellung. Im allgemeinen ist es zweckmäßiger, dieses Maß (Erfahrungsmaß) etwas zu groß als zu klein zu wählen. Als Anhalt sei mitgeteilt, daß Kübler seinen Bindern in Mansardform von 16—24 m Stützweite 6—10 cm Überhöhung gibt. Davon geht je nach dem Trockenheitsgrad des verwendeten Holzes und nach der Schärfe der Austrocknung im Bau etwa die Hälfte im Laufe von 1 bis 2 Jahren verloren. Für genagelte Binder kann als Überhöhung $^1/_{150}$ der Stützweite angenommen werden. Die im Stahlbau üblichen Wiegmann-Träger mit deutlich überhöhtem Untergurt sind in Holz nicht zweckmäßig, da Zugstöße von Stäben, die unter einem Winkel gegeneinander verlaufen, Schwierigkeiten bereiten. Der Obergurt verläuft meist parallel mit der Dachhaut. Bei zu geringer Neigung (unter 6%) besteht die Gefahr, daß bei niedriger Bauhöhe und nachgiebigen

[1] Gesteschi, Th.: Hölzerne Dachkonstruktionen, 5. Aufl., 1938, S. 150—155.

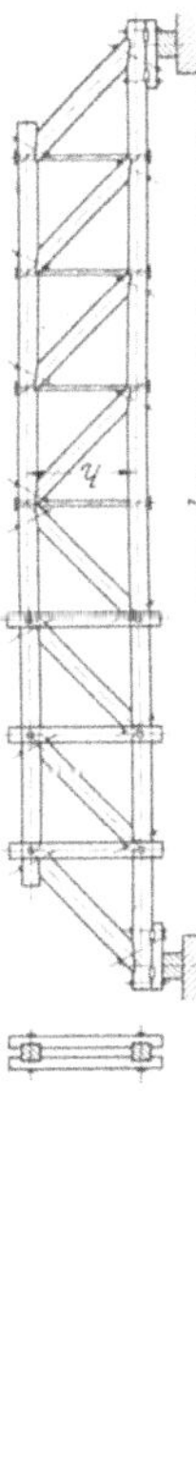

Abb. 81. Howescher Binder. Parallelträger.

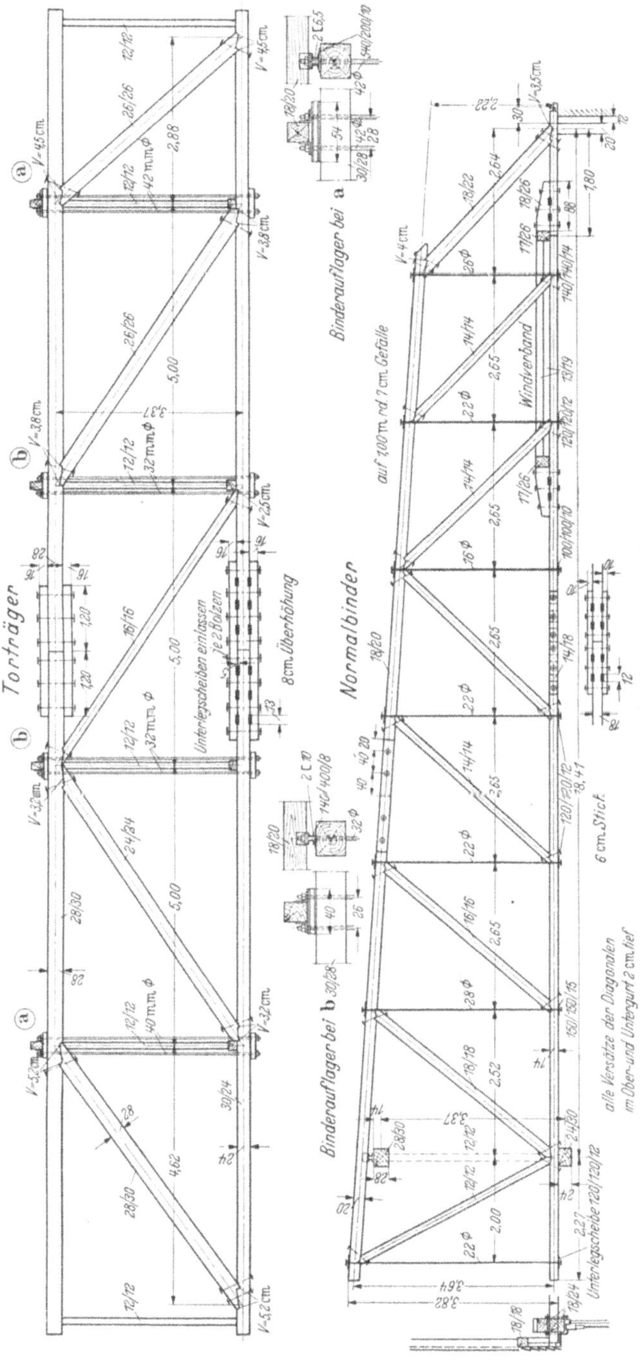

Abb. 82. Erweiterung der Flugzeughalle in Görlitz.

Knotenpunkten in der Nähe des Auflagers Gegengefälle mit seinen üblen Folgen entsteht. Die Neigung des statisch wirksamen Obergurtstabes am Auflager (0 in Abb. 85) sollte 1 : 3 nicht unterschreiten, da *die bauliche Ausbildung zu spitzer Anschlüsse in Holz immer Schwierigkeiten macht.* Die *Anordnung der Füllungsstäbe* — ob steigende oder fallende Schrägen — hängt im wesentlichen von der Knotenpunktsausbildung (Art der Verbindungsmittel) ab. Theoretisch ist es natürlich am günstigsten, die Anordnung so zu treffen, daß die kürzeren Pfosten Druck und die längeren Schrägen (größere Anschlußfläche an den Gurten) Zug bekommen. Die Bauhöhe der Binder sollte man nicht zu gering bemessen, um unliebsame Folgen — Durchbiegungen, Sackungen — zu vermeiden.

a) Parallelträger.

Auch heute noch findet der bekannte **Howesche Träger** vielfach Anwendung (Abb. 81) [*4, 6*]. Die Schrägen sind so angeordnet, daß sie bei Vollbelastung Druck erhalten, während die Vertikalen gezogen sind. Diese bestehen aus Rundstahl mit beiderseitigen Muttern (Abb. 81 rechts). Bei Senkung infolge Schwinden des Holzes oder ungenauer

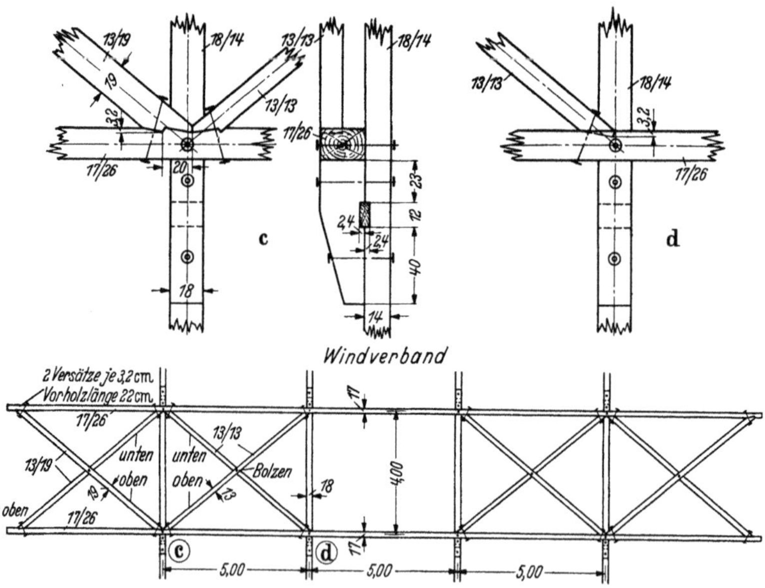

Abb. 82a. Windverband zu Abb. 82.

Arbeit können diese nachgezogen werden, nachdem der Träger gehoben ist, ein Vorzug, den keine andere neuzeitliche Bauweise aufzuweisen hat. Bei kleineren Spannweiten und geringer Belastung können die Vertikalen auch als Zangen, die die Gurtungen umfassen, ausgebildet werden (Abb. 81 links). Als Bauhöhe empfiehlt sich ähnlich wie bei Vollwand-

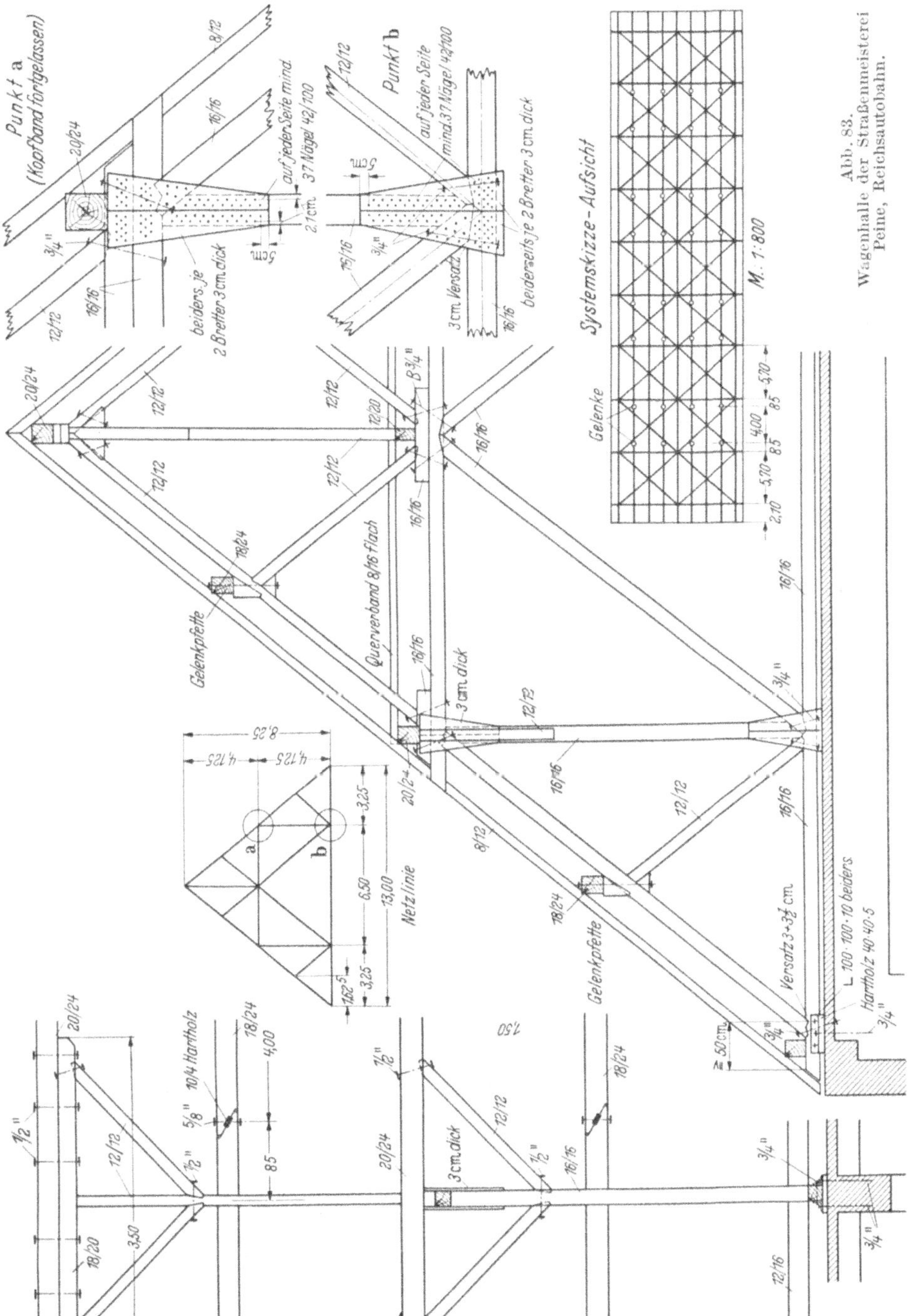

Abb. 83. Wagenhalle der Straßenmeisterei Peine, Reichsautobahn.

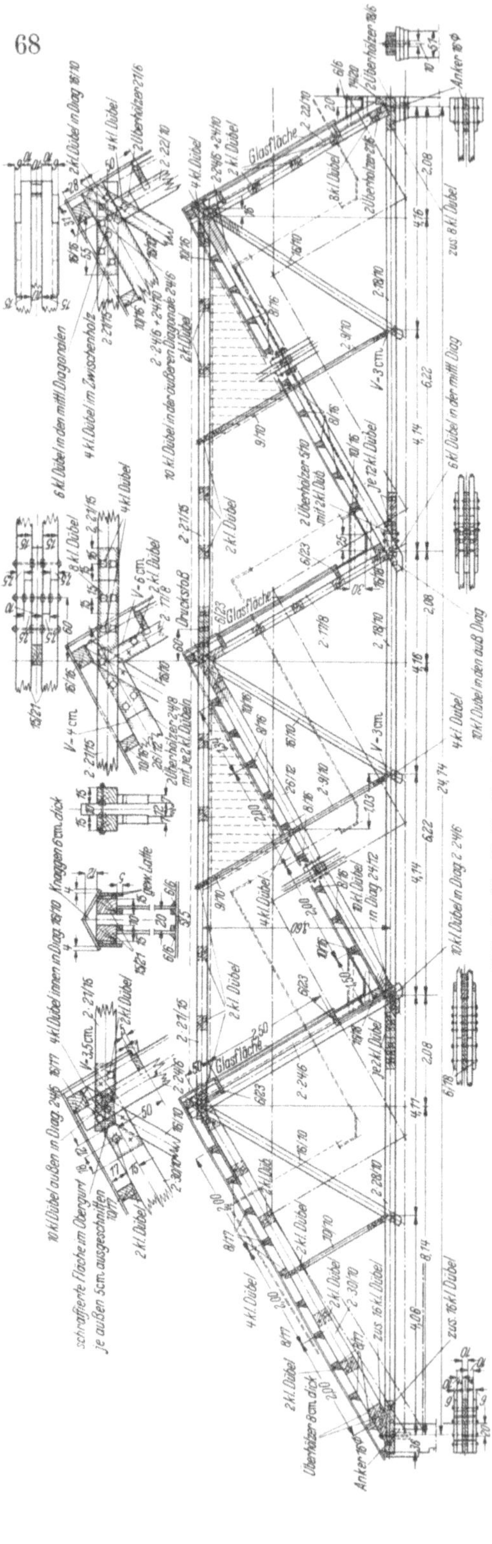

Abb. 84. Shedhalle für eine Kunstseidefabrik.

trägern ein Achtel bis ein Zwölftel der Stützweite, bei größeren Stützweiten und schwerer Belastung geht man bis auf ein Sechstel herauf[1]. Hier ist gewöhnlich in der Mitte des Untergurtes an der Stelle der größten Zugkraft ein Stoß anzuordnen.

Abb. 82 zeigt ein Beispiel eines HOWEschen Trägers, Erweiterung der Flugzeughalle in Görlitz (Entwurf und Ausführung: Dr.-Ing. E. SEIDEL, Leipzig). Gerade für Torträger ist diese Bauart besonders geeignet. Alle Zugstangen erhalten des Nachstellens wegen lange Gewinde. Der zugehörige Windverband ist in Abb. 82a dargestellt. Zum Vergleich sei auch auf die hölzerne Montagebrücke (Abb. 124) hingewiesen. Bei steilen Dächern, die in neuerer Zeit häufig ausgeführt werden, empfiehlt es sich bisweilen, den unteren Teil als Parallelträger mit abgeschrägten Enden auszubilden und den oberen Teil der

[1] FONROBERT, F.: Werkstoffbedarf für Dreiecksbinder und Gleichlaufträger aus Holz. Dtsch. Bauztg. 72 (1938) S. B 295.

Dachkonstruktion aufzusetzen. Abb. 83 Wagenhalle der Straßenmeisterei Peine der Reichsautobahnen (Entwurf: der Verfasser). Eine eigenartige und auf den ersten Blick etwas absonderliche Dachkonstruktion ist in Abb. 84 dargestellt, Shedhalle für eine Kunstseidefabrik (Ausführung: Kübler). Der eigentliche Träger ist ein Parallelträger mit abgeschrägten Enden, während die äußere Dachform ein Sheddach ist. Diese Bauweise ist bereits wiederholt mit bestem Erfolg angewandt worden.

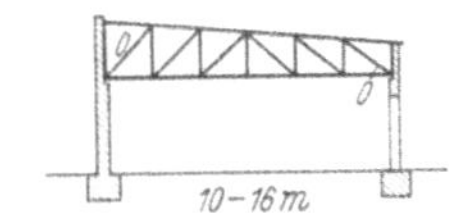

Abb. 85.

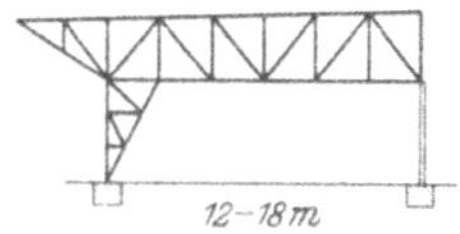

Abb. 86.

Abb. 85 u. 86. Bindersysteme für Parallelträger von 10—18 m Stützweite.

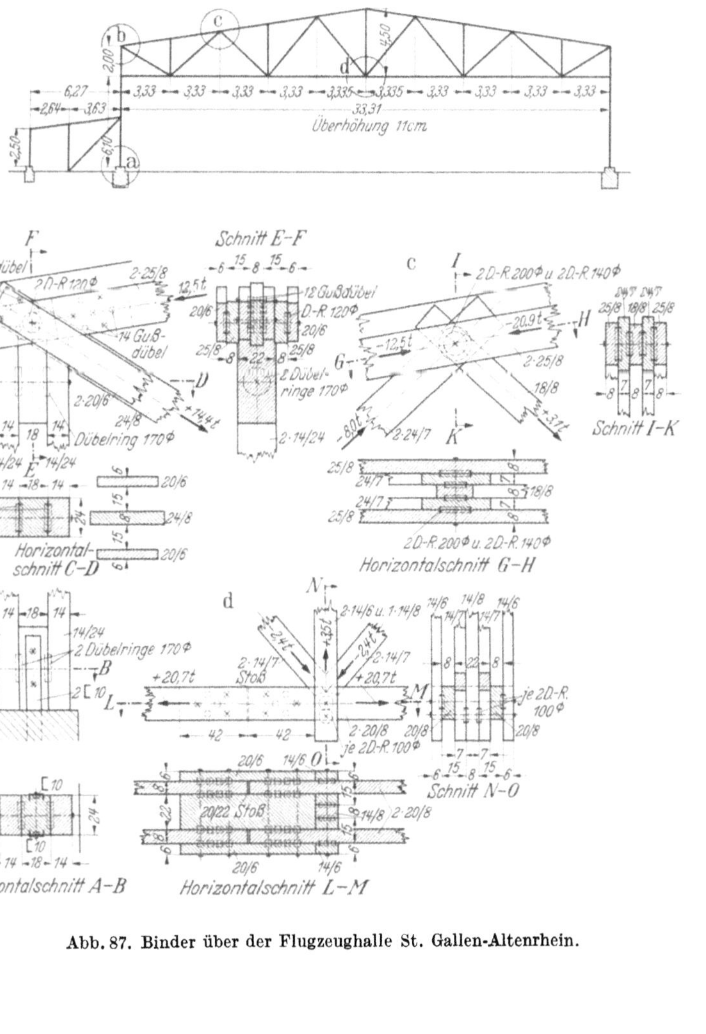

Abb. 87. Binder über der Flugzeughalle St. Gallen-Altenrhein.

Abb. 85 und 86 geben Systeme für Pultdachbinder bei kleiner und mittlerer Spannweite und geringer Belastung. Abb. 87 zeigt die Netzlinie der Binder über der Flugzeughalle St. Gallen-Altenrhein, 33,31 m Stützweite, unter Verwendung von Guß- und Ringdübeln (Ausführung: Locher & Co., Zürich) mit den wichtigeren Knotenpunkten.

b) Dreiecksbinder.

Dreiecksbinder (Abb. 88—92) sind für kleine und mittlere Spannweiten eine der wirtschaftlichsten und verbreitetsten Binderformen in

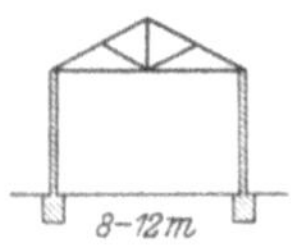

Abb. 88.

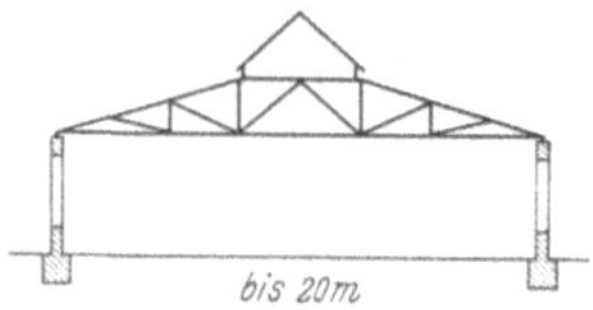

Abb. 89.

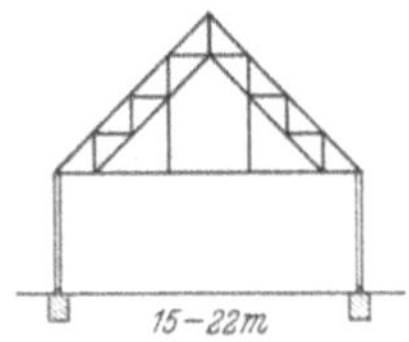

Abb. 90.

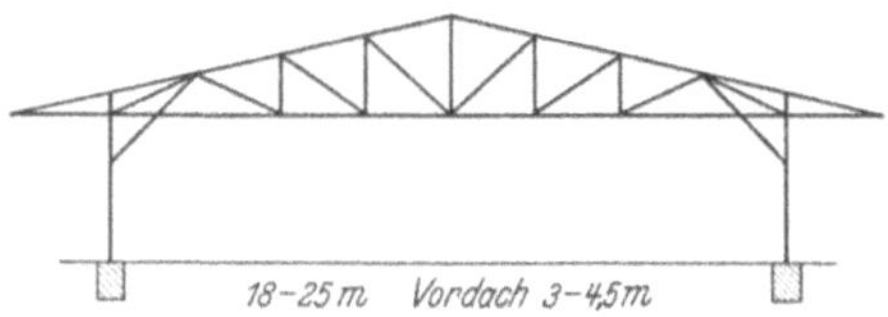

Abb. 88—91. Bindersysteme für Dreiecksbinder von 8—25 m Stützweite.

Holz. In den Gurten treten die größten Kräfte nicht in der Mitte, sondern am Auflager auf. Daß die Füllstäbe auch bei unsymmetrischer

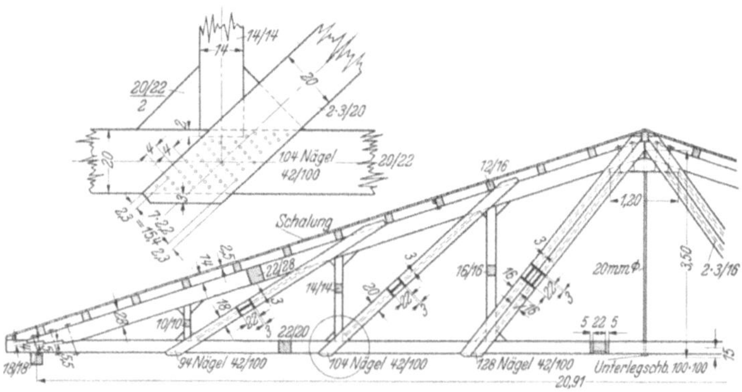

Abb. 92. Binder über der Feierabendhalle der Stadt Holzminden.

Last nur Zug bzw. Druck, keine Wechselspannungen erhalten, vereinfacht gerade bei Holz die Ausbildung der Knotenpunkte sehr. Ausreichende Neigung des Obergurtes ist sowohl aus wirtschaftlichen Grün-

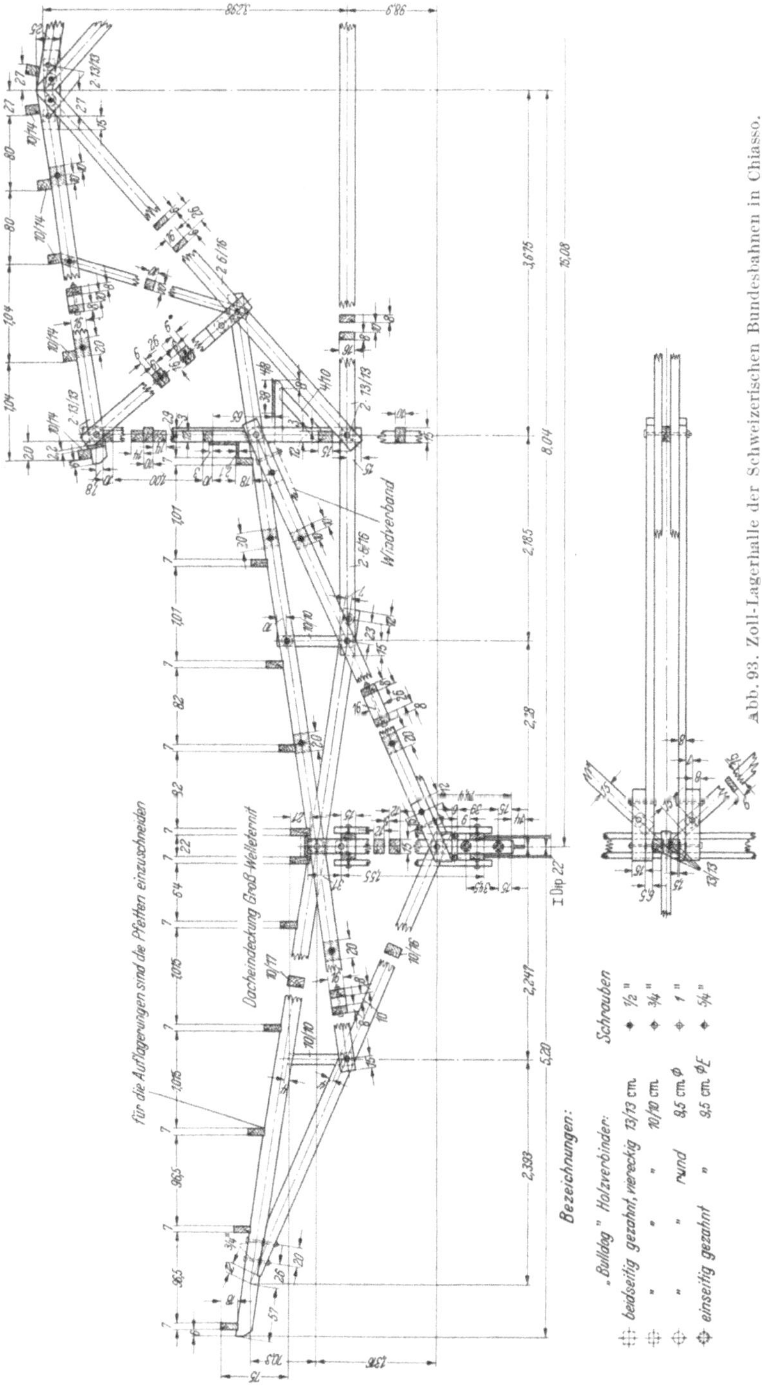

Abb. 93. Zoll-Lagerhalle der Schweizerischen Bundesbahnen in Chiasso.

den als auch zur Vermeidung von größeren Durchbiegungen zu fordern. Die Bauhöhe der Träger sollte in der Mitte mindestens ein Sechstel der Spannweite betragen[1]. Bei Dacheindeckung in Ziegeln sollten Neigungen möglichst nicht unter 30° gewählt werden. Abb. 92 zeigt den Binder der Feierabendhalle der Stadt Holzminden (Weserbergland), 20,91 m Stützweite[2] (Entwurf: der Verfasser). Genau in gleicher Weise war die Olympia-Festhalle in Garmisch-Partenkirchen gebaut[3].

Ein Beispiel einer Hallenkonstruktion mit Kragdach zeigt Abb. 93, die Zoll-Lagerhalle I der SBB. in Chiasso. Bei dem ausgeschriebenen öffentlichen Wettbewerb der Schweizerischen Bundesbahnen im Jahre 1935 wurden Entwürfe in Stahl, Eisenbeton und Ingenieurholzbau eingereicht. Da letzterer den anderen Bauarten gegenüber wesentlich wirtschaftlicher war, wurde ihm der Vorzug gegeben. Die Stützen, die 9,52 m voneinander entfernt sind, bestehen aus Differdinger NP 22 und sind beiderseitig in die Fundamente eingespannt. Als Verbindungsmittel dienen für die Binder und Längsträger Bulldog-Holzverbinder. (Berechnung, Entwurf und Bauleitung: Ingenieurbüro H. Lechner, vorm. Lechner & Bachmann, Zürich 2; Ausführung der Zimmerarbeiten: Fietz & Leuthold, Zürich[4].)

c) Mansardbinder.

Mansardbinder (Abb. 94—96), die für Spannweiten von 15—35 m in Frage kommen, haben sich als sehr wirtschaftlich erwiesen. Als Systemhöhe empfiehlt sich ein Achtel bis ein Sechstel der Spannweite. Als

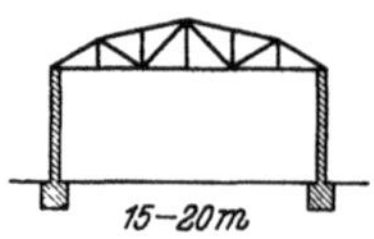

Abb. 94.

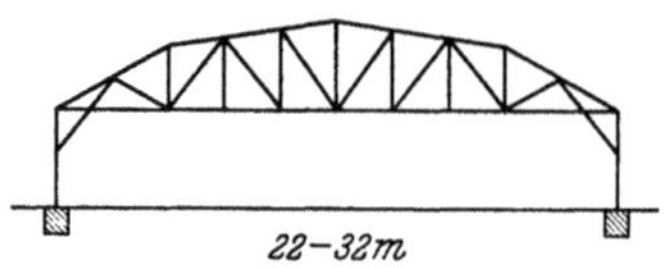

Abb. 95.

Abb. 94 u. 95. Bindersysteme für Mansardbinder von 15—32 m Stützweite.

Eindeckung kommt fast nur teerfreie Dachpappe in Frage. Die Neigung des flachen Dachteils ist auch hier mit mindestens 6% anzunehmen. Abb. 96 zeigt die Netzlinie der Binder der Werkstättenanlage München-Ost mit einigen bemerkenswerten Knotenpunkten — Bauweise Kübler Stützweite 26,50 m, Binderentfernung 7,00 m. In Abb. 97—99 sind

---

[1] Fonrobert, F.: Werkstoffbedarf für Dreiecksbinder und Gleichlaufträger aus Holz. Deutsche Bauzeitung 72 (1938) S. B 295.

[2] Diekmann, A.: Bautechn. 16 (1936) S. 333.

[3] Kress, Fr.: Baugilde 18 (1936) S. 373.

[4] Schweiz. Baumeister- und Zimmermeister-Zeitung „Hoch- und Tiefbau“, Zürich 1937, Nr. 50.

genagelte Binder dargestellt. Abb. 97, Messehalle 4 in Leipzig, Mittelschiff, 20,00 m Stützweite; im Anschluß daran in Abb. 98 das zugehörige Seitenschiff, 10,05 m Stützweite, das seiner Form nach als Dreiecks-

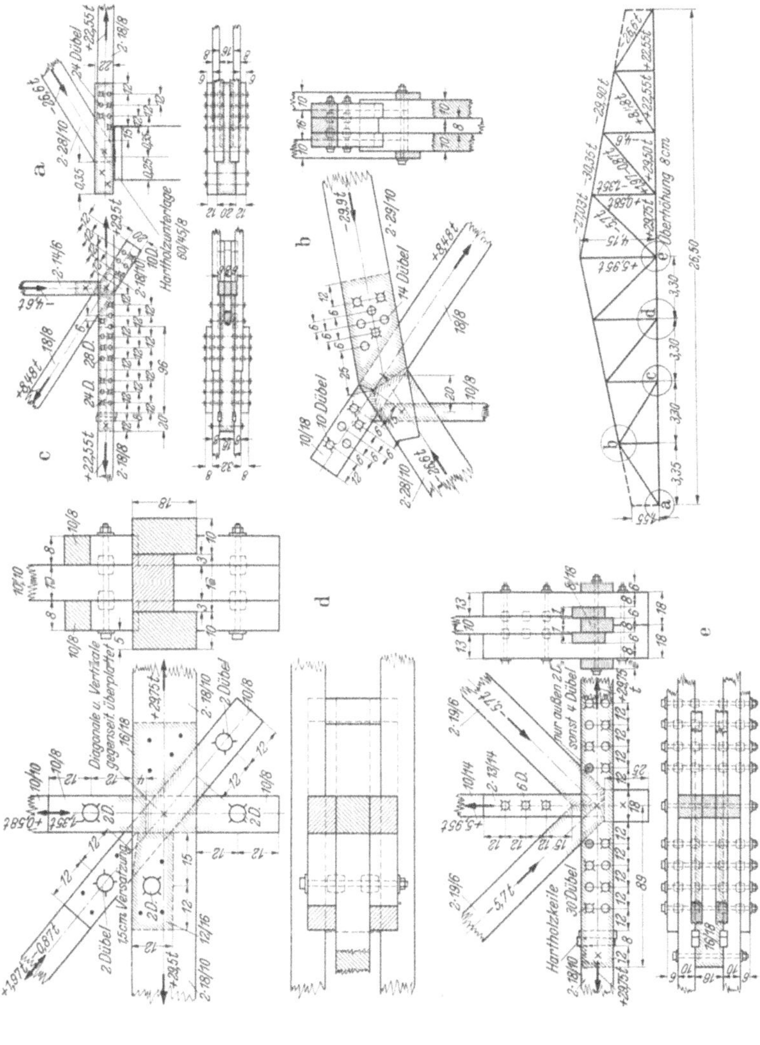

Abb. 96. Binder der Werkstättenanlage München-Ost.

binder in den Abschnitt b gehört [9]. (Entwurf und Ausführung: Dr.-Ing. E. Seidel, Leipzig.)

In Abb. 99 ist der Dachbinder der Mitteldeutschen Leichtmetallwerke G. m. b. H. Harzgerode mit einzelnen Knotenpunkten dargestellt. (Entwurf und Ausführung: Zimmermeister O. Bosse, Harzgerode).

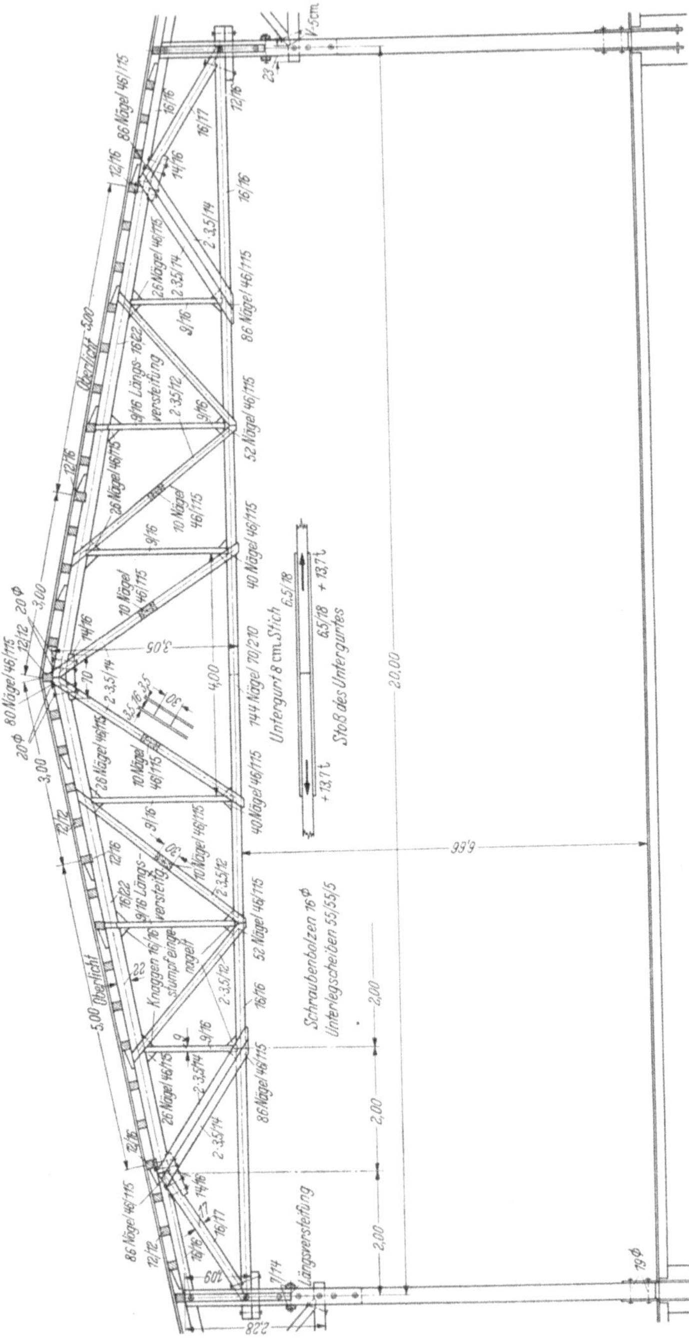

Abb. 97. Messehalle 4 in Leipzig. Binderkonstruktion des Mittelschiffs.

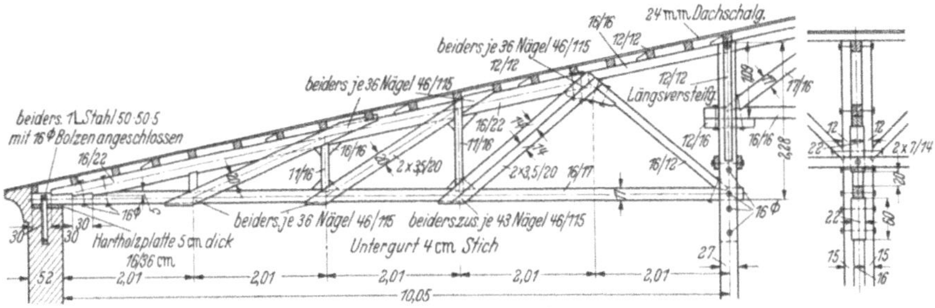

Abb. 98. Messehalle 4 in Leipzig. Binderkonstruktion des linken Seitenschiffs.

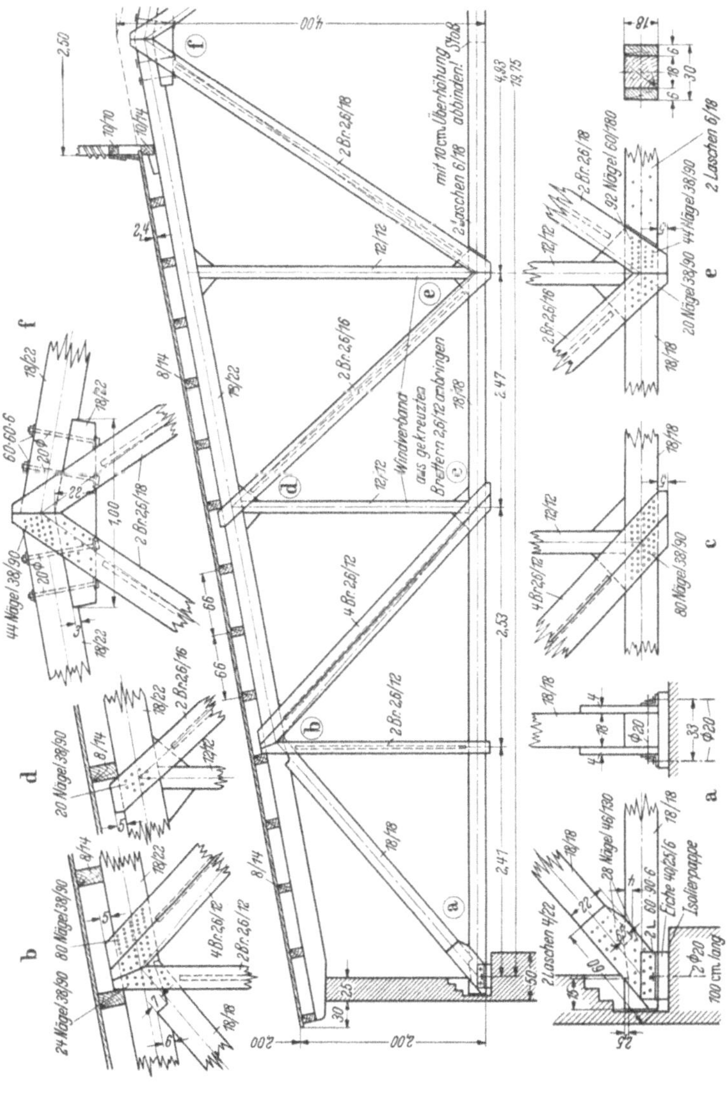

Abb. 99. Dachbinder der Mitteldeutschen Leichtmetallwerke in Harzgerode.

d) Parabel- und Bogenbinder.

Hat man es mit Dächern von hohem Eigengewicht und flacher Neigung, also kleinem Windanfall und ungefähr gleichmäßig verteilter Schneelast zu tun, so ist es zweckmäßig, die Binderform der Stützlinie anzupassen. Die Füllstäbe von Parabelbindern, die bei gleichmäßig verteilter Belastung rechnerisch überhaupt keine Last bekommen, haben in diesem Falle nur die Aufgabe, zufällige Ungleichmäßigkeiten der Belastung aufzunehmen und ein Ausknicken des Obergurtes in der Binderebene zu verhindern. Die Füllstäbe, deren Kräfte meist sehr klein sind, sind stets auf Zug *und* Druck anzuschließen. Der Obergurt kann aus hochkant gestellten Brettern bestehen, deren obere Begrenzung

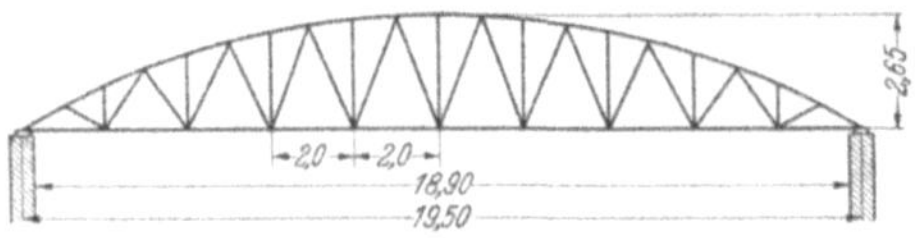

Abb. 100. System der Binder über den Wesersperrholzwerken in Holzminden.

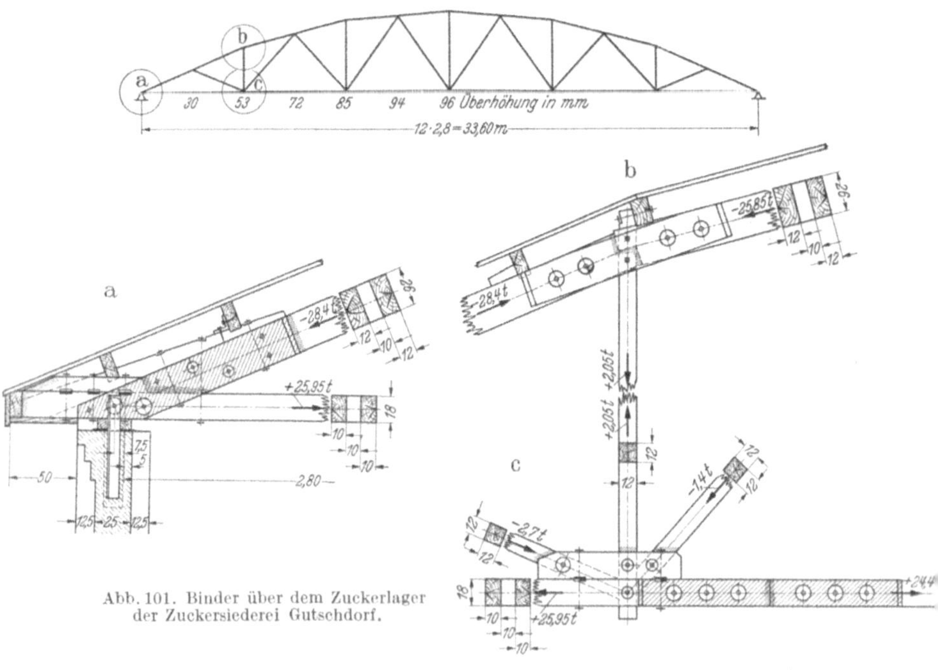

Abb. 101. Binder über dem Zuckerlager der Zuckersiederei Gutschdorf.

nach der Bogenform ausgesägt ist und die durch Nägel miteinander zu einem einheitlichen Ganzen verbunden sind (Abb. 100). System der Binder über den Wesersperrholzwerken in Holzminden [*9*]. (Entwurf: der Verfasser.) Abb. 101 zeigt die Netzlinie der Binder über dem Zuckerlager der Zuckersiederei Gutschdorf mit drei charakteristischen Knotenpunkten (Ausführung: Christoph & Unmack). Stützweite 33,60 m. Der Obergurt besteht hier aus zwei Halbhölzern 12/26 bzw. 12/24.

Wird bei sehr großen Spannweiten nur der Obergurt als Fachwerkträger ausgebildet (Abb. 102), so muß die untere Bogengurtung, die Druck erhält, durch Bügen gegen die Pfetten abgestützt und dadurch ihr Ausweichen aus der Binderebene verhindert werden. Als Eindeckung kommt wegen der unterschiedlichen Neigung bei diesen Dächern in erster Linie teerfreie Pappe in Frage. Die Verwendung eines doppellagigen Teerpappdaches läßt sich jedoch auch ermöglichen entweder mittels Stichsparren an der Traufe und über dem First oder durch Aufdrempeln, d. h. Aufsetzen eines möglichst flachen Satteldaches.

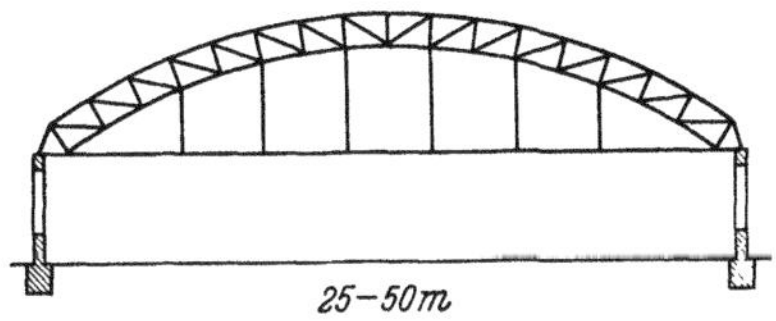

Abb. 102. Fachwerkbogenbinder mit Zugband für große Spannweiten.

Bei Bogenbindern sind oft bei Binderabständen bis etwa 5,5 m „Pfettensparren" vorteilhaft, jedoch ist zu beachten, daß bei ausgesprochen feuchten Betrieben die Feuchtigkeit sich in den Pfettenfeldern fängt und auch durch Dunstschlote im First kaum herauszubringen ist.

e) Zwei- und Dreigelenkbinder.

Bei den Zweigelenkrahmen (Abb. 103 u. 104) sind die Füße in den Bindern eingespannt. Die Auflagerung ist einfach statisch unbestimmt. Die biegungsfeste Ausbildung in den Ecken bietet gewisse Schwierigkeiten, die

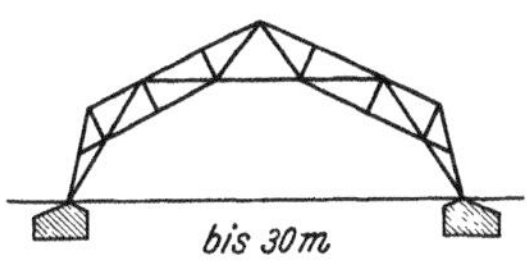

Abb. 103.

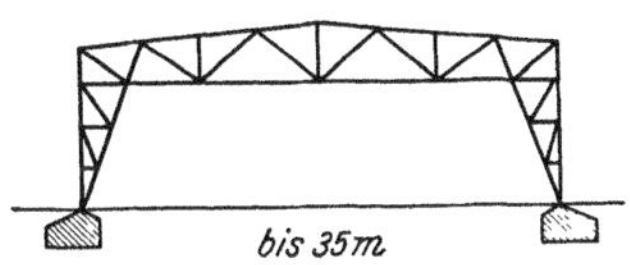

Abb. 104.

Abb. 103 u. 104. Zweigelenkfachwerkrahmen.

sich am leichtesten durch Verwendung von kunstharzverleimten Knotenplatten überwinden lassen. In den Füllstäben treten Wechselspannungen auf, so daß der Vorteil günstiger Knotenausbildung entfällt. Das gleiche gilt auch bei der Ausbildung einhüftiger Rahmen. Abb. 105 zeigt einen derartigen Zweigelenkfachwerkrahmen, Binder eines Bootsschuppens von 29,50 m Stützweite bei 5,06 m Binderabstand. Die kauritverleimten Knotenplatten, die außerdem noch zusätzlich genagelt sind, sind 5 bzw. 10 cm dick und bestehen aus 2 bzw. 4 Lagen Fichtenholzbrettern von 25 mm Dicke. Als Verbindungsmittel dienen Geka-Holzverbinder. (Entwurf und Ausführung: Dipl.-Ing. Kohlmann, Hannover.)

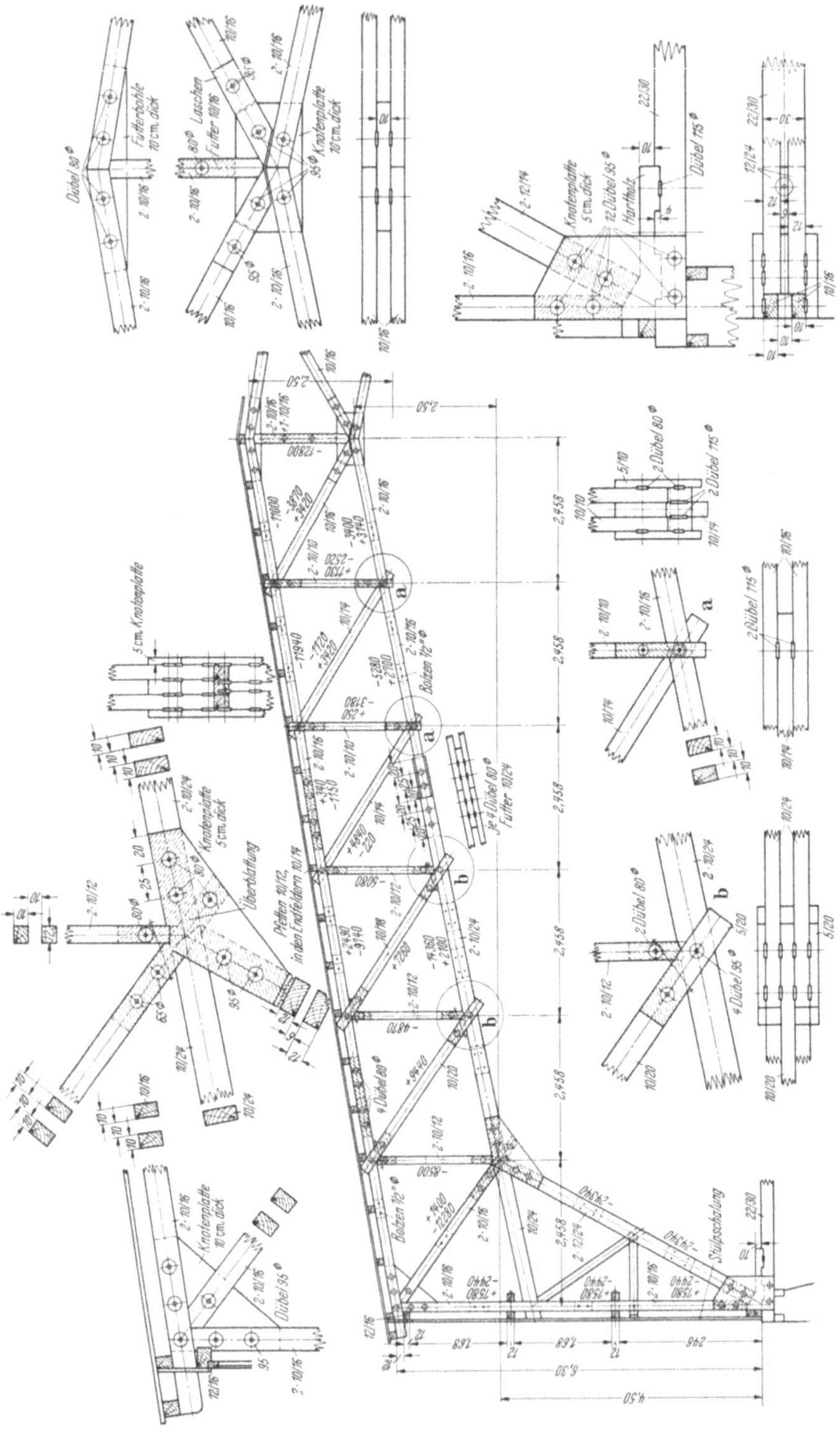

Abb. 105. Binder über einem Bootsschuppen-Zweigelenkfachwerkrahmen.

Dreigelenkbinder (Abb. 106—109) sind statisch bestimmt. Auf die Ausbildung eines regelrechten Gelenkes, wie es im Stahlbau üblich ist, wird meist verzichtet; es genügt eine gewisse Beweglichkeit bei auftretenden Biegungsmomenten. Auch hier ist zu beachten, daß die inneren Gurtungen durchweg Druck erhalten, daß sie also durch Bügen gegen die Pfetten gegen Ausweichen aus der Binderebene gesichert werden müssen. Die erforderliche Aussteifung kann auch durch Gitterpfetten erzielt werden. Es empfiehlt sich — besonders bei großen Spannweiten —, die Binderachse an die durch die drei Gelenke gehende Stützlinie, d. h. meist etwa an die Parabelform anzupassen. Dreigelenkbinder werden bei großen und größten Spannweiten bevorzugt, da sie hier wirtschaftlich sind und sich gut gestalten lassen. Abb. 107 zeigt das System des

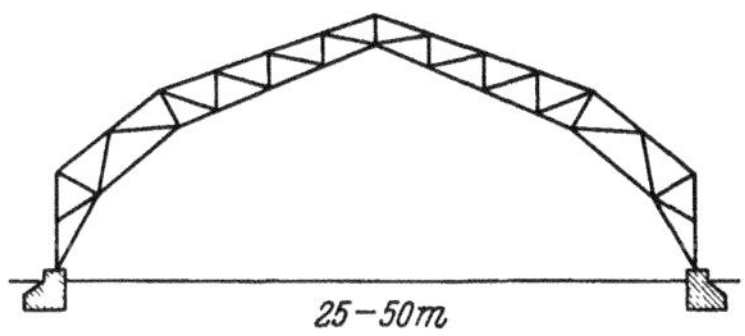

Abb. 106. Dreigelenkfachwerkbinder.

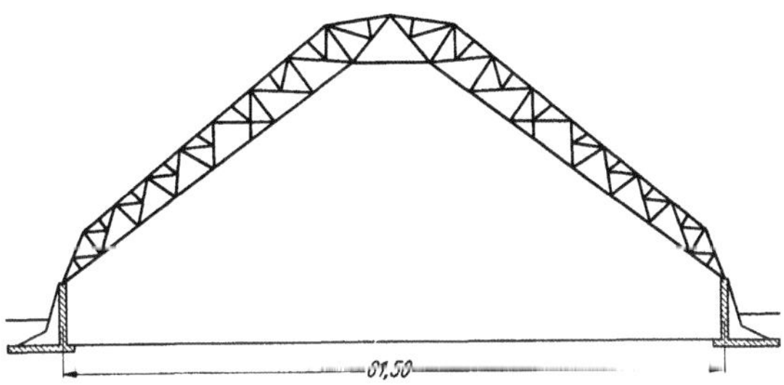

Abb. 107. Bindersystem der Salzlagerhalle Leunawerke, Merseburg.

Binders über der Salzlagerhalle Leunawerke Merseburg, Stützweite 61,50 m, Binderentfernung 10,50 m. (Ausführung: Christoph & Unmack.) Abb. 108. Fachwerk-Dreigelenkbinder mit beiderseitigem Vordach, Weinkelter-Neubau der Gemeinde Schnait im Remstal. Abb. 109 Fachwerkdreigelenkbinder mit hölzernem Zugband. (Ausführung der beiden letzten Beispiele: Kübler.)

f) Mehrschiffige Hallen.

Abb. 110 und 111 zeigen bewährte Typen mehrschiffiger Hallen. Abb. 112 ist das System des Binders der Sängerfesthalle Wien[1]. (Architekt Z. V. Rupprecht; Ausführung der Holzkonstruktion: A. Chromy's Wwe. & Sohn, Wien.) Verbindungsmittel: Ringdübel, Bauart Schüller.

[1] Erhart: Z. VDI 73 (1929) S. 1001/1002.

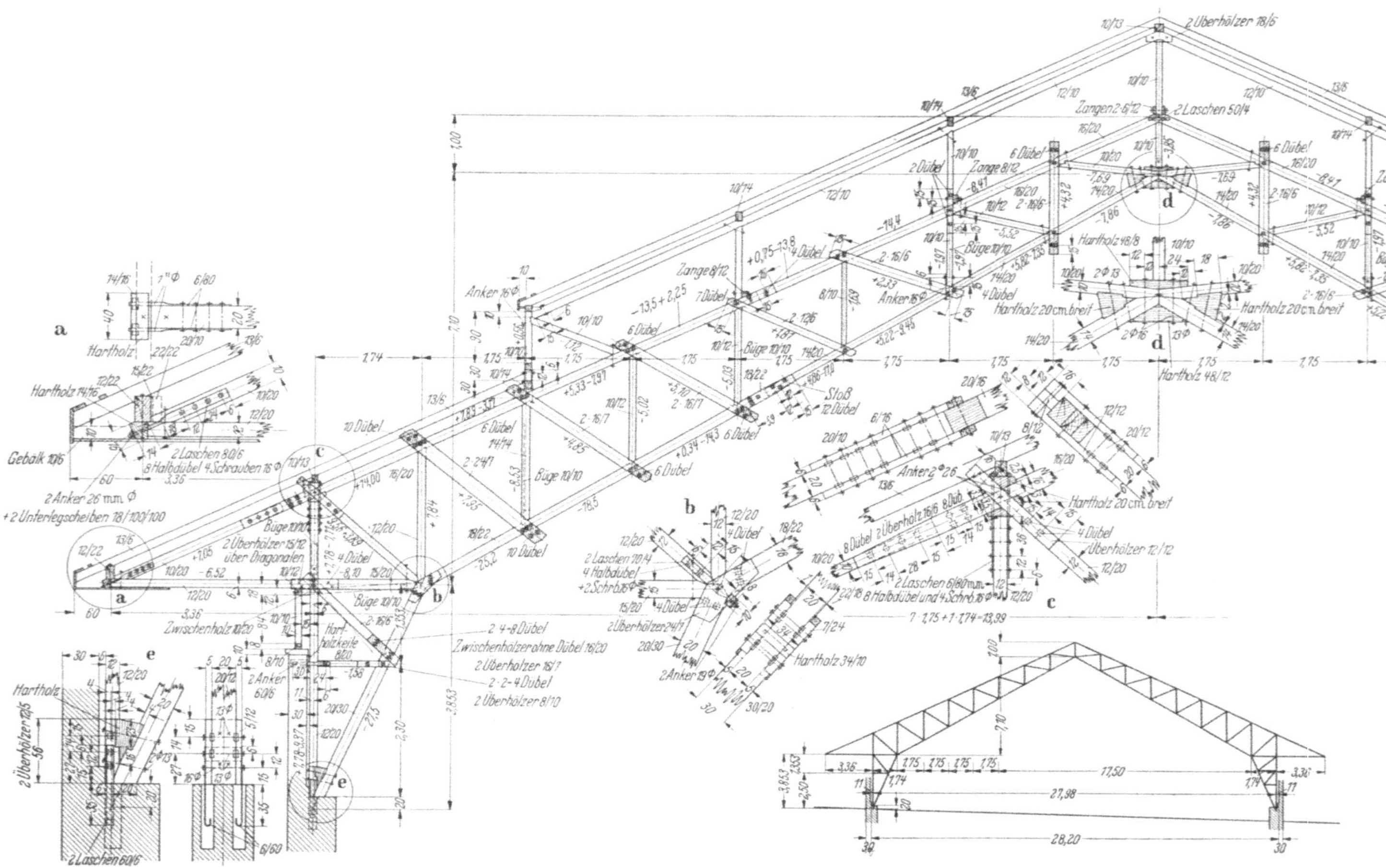

Abb. 108. Fachwerk-Dreigelenkbinder. Weinkelter-Neubau der Gemeinde Schnait im Remstal.

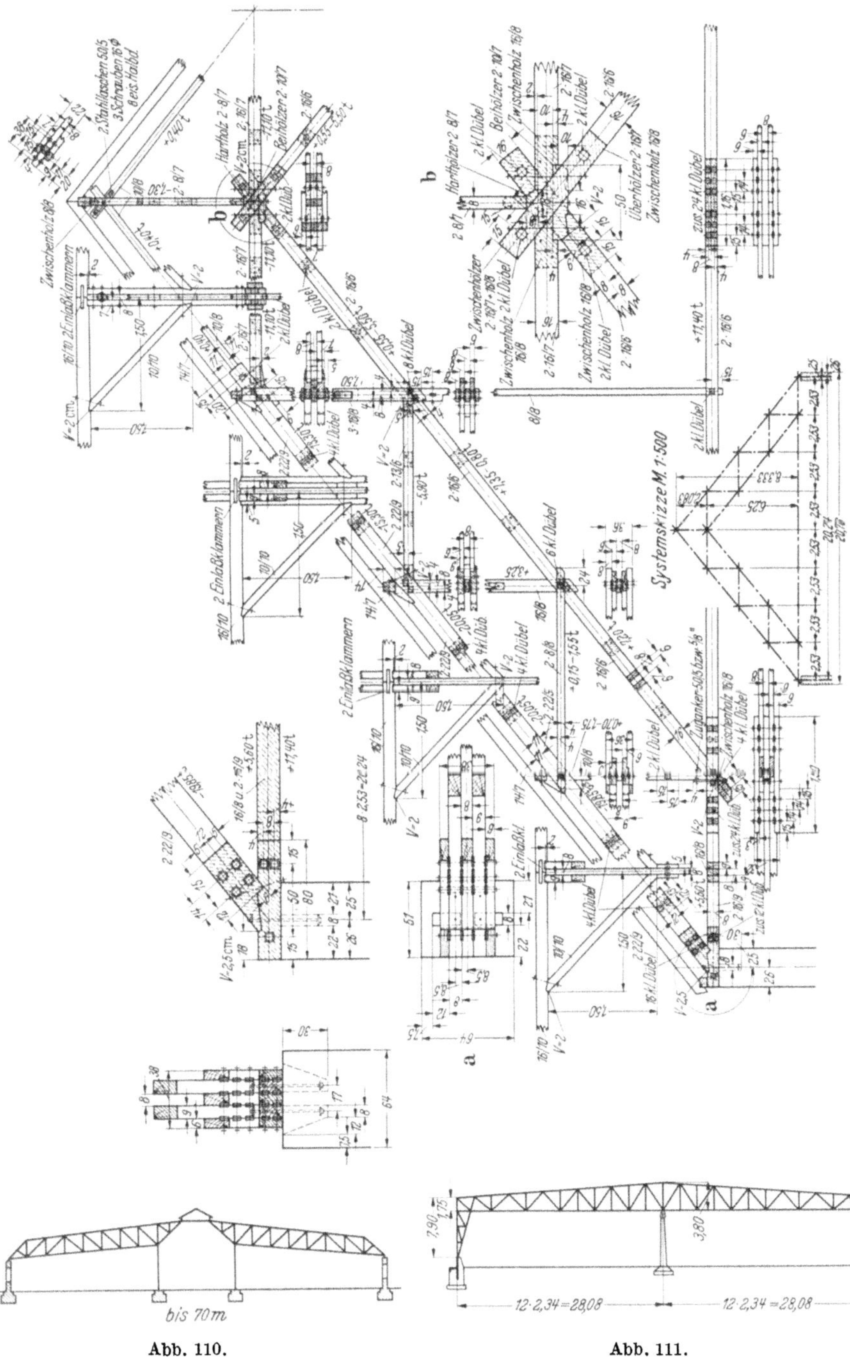

Abb. 109. Fachwerk-Dreigelenkbinder mit Zugband.

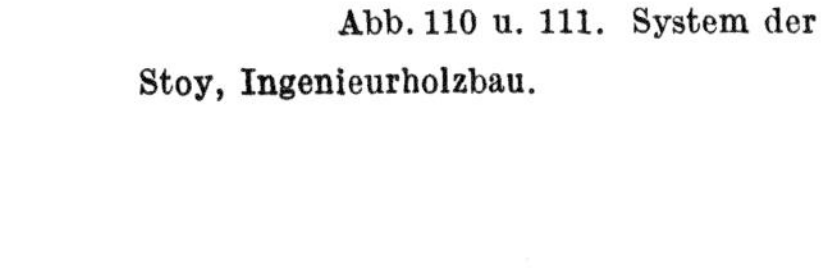

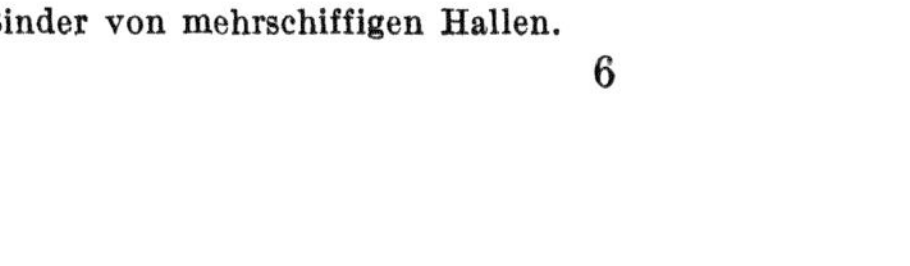

Abb. 110. Abb. 111.

Abb. 110 u. 111. System der Binder von mehrschiffigen Hallen.

In Abb. 113 sind die Systemskizze sowie die wesentlichsten Knotenpunkte eines Flugzeughallentorträgers dargestellt. Die verhältnismäßig große Systemhöhe von 6,70 m wurde gewählt, um eine genügende Dachneigung der Halle (Pultdach) herauszubekommen und um außerdem eine geringe Durchbiegung des Torträgers zu gewährleisten. Der Torträger ist als Balken auf fünf Stützen ausgebildet; die Mittelstütze, die aus Eisenbeton besteht, hat gleich-

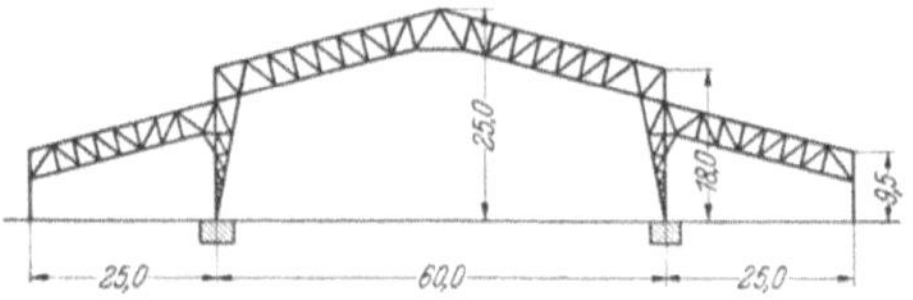

Abb. 112. System des Binders der Sängerfesthalle Wien.

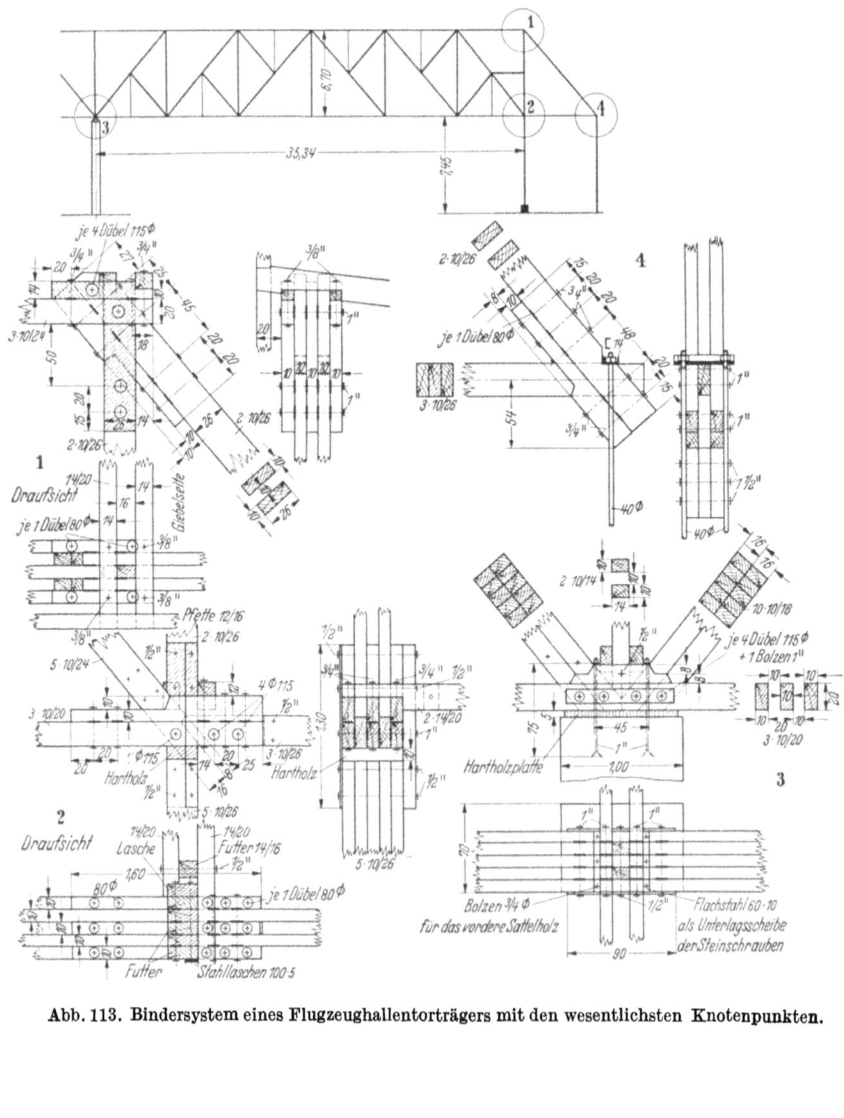

Abb. 113. Bindersystem eines Flugzeughallentorträgers mit den wesentlichsten Knotenpunkten.

zeitig auch die waagerechten Windkräfte aufzunehmen. Die beiden Außenstützen sind als Zuganker in Stahl ausgebildet; durch sie wurde der Torträger in unbelastetem Zustande vorgespannt. Die Überhöhung, mit der der Torträger eingebaut wurde, betrug 14 cm. Davon waren nach vorangegangener schwerer Belastung durch Schnee noch 11 cm vorhanden. Als Verbindungsmittel dienen Geka-Holzverbinder. (Entwurf und Ausführung: Dipl.-Ing. Kohlmann, Hannover.)

V. Türme, Gerüste, Tribünen [*6*].

Holz kommt als Baustoff für Beobachtungs- und Aussichtstürme und auch für Türme bei industriellen Anlagen (besonders in der chemischen Industrie) — also für Dauerbauten — wie auch für Türme im Zusammenhang mit Festhallen usw. (z. B. Flaggen- und Befehlstürme) — also für kurzlebige Bauten — in gleicher Weise zweckmäßig in Frage. Bei Dauerbauten wird die Standfestigkeit meist dadurch erzielt, daß die Stiele in den Fundamenten eingespannt werden, während bei Bauten für vorübergehende Zwecke oft eine Abspannung durch Drahtseile nach mindestens drei Richtungen erfolgt. Der Grundriß ist meist quadratisch oder rechteckig, da er dann in statischer Hinsicht am einfachsten zu erfassen ist. Auch können so die Verbände und Füllungsglieder an die Stiele leicht angeschlossen werden. Bei Türmen, die nicht verschalt sind, ist besonderer Wert darauf zu legen, daß sich in den Knotenpunkten nirgends Wasser oder Schmutz ansammeln kann, ferner daß der Wind an alle Teile herankann, um Fäulnisherde zu vermeiden. Für Dauerbauten nur imprägniertes Holz zu verwenden, dürfte eine selbstverständliche Pflicht sein. Für die Stiele ist die Benutzung von Rundholz trotz der schwierigeren Anschlüsse empfehlenswert. Bei Verwendung von Fichtenholz dürfte für die Imprägnierung in erster Linie das Osmose-Verfahren in Frage kommen. Abb. 114 zeigt den Goetheturm im Frankfurter Stadtwald[1]. Das verwendete Kiefernholz wurde nach dem Rüpingschen Sparverfahren nach Reichsbahnvorschrift imprägniert. In den Knotenpunkten wurden Alligator-Zahnringdübel eingebaut. Besonders sei auf die Ausbildung des Fußes der Holzkonstruktion hingewiesen. Es wurden imprägnierte Eichenholzklötze von 20—30 cm Höhe auf den Eisenbetonfundamenten in der gleichen Faserrichtung wie die der Stützen und für jeden Fall auswechselbar angeordnet. Für die Montage wurde im Inneren des Turms ein Gittermast aus Stahl, anfänglich 25 m hoch, aus einzelnen Profilstücken errichtet und im Laufe der Montagezeit auf 45 m erhöht. (Entwurf: Städtisches Hochbauamt Frankfurt a. M. Ausführung: Hochtief A.-G. vormals Gebrüder Helfmann, Frankfurt a. Main.)

---

[1] Der deutsche Zimmermeister 34 (1932) S. 370/71.

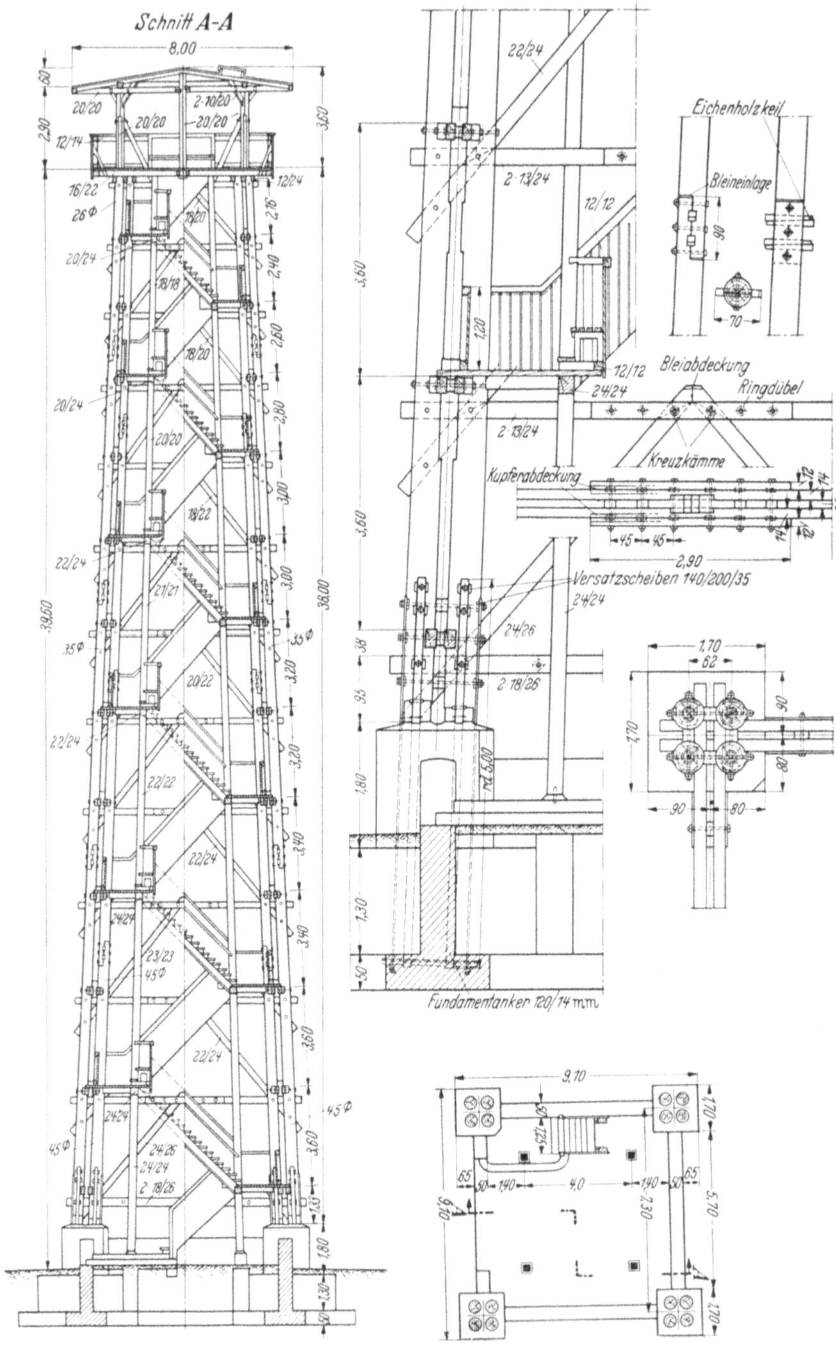

Abb. 114. Der Goetheturm im Frankfurter Stadtwald.

Abb. 114a. Das Richten des Turmes.

Abb. 114b. Der fertige Turm.

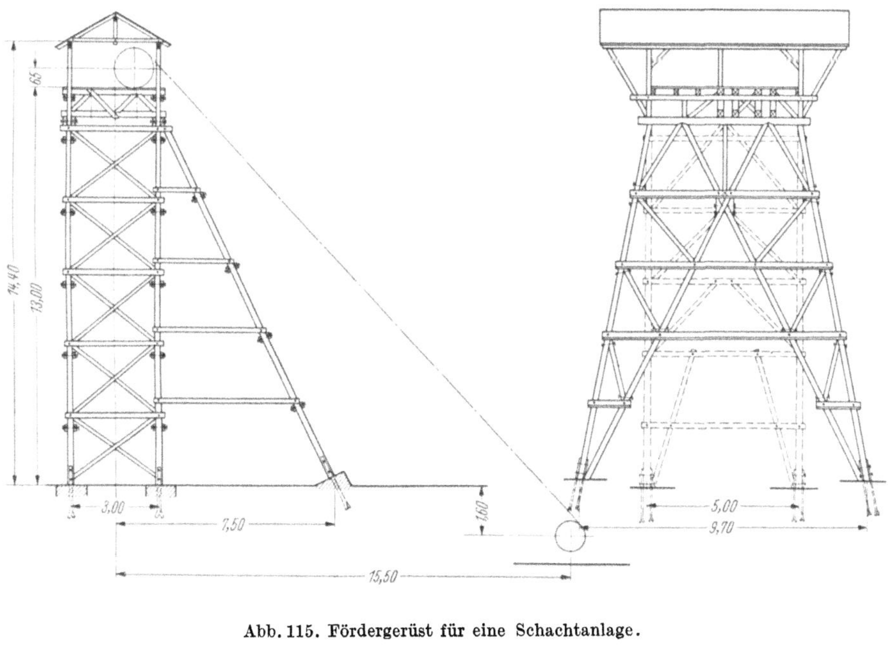

Abb. 115. Fördergerüst für eine Schachtanlage.

Weiterhin wird Holz vorteilhaft für Gerüste und Tribünen verwandt. In Abb. 115 ist ein Fördergerüst dargestellt, das als Führungsgerüst für die Förderkörbe dient und zugleich am oberen Ende die Seilscheibe für das Förderseil aufnimmt.

Abb. 116 und 117 zeigen die gewaltige Olympia-Sprungschanze in Garmisch-Partenkirchen, erbaut in dem schneereichen Winter 1933/34. Die Stiele des letzten rd. 30,0 m hohen Binders bestehen im unteren Teile aus je 4 Kanthölzern 18/18, in die wieder zur Verlängerung eine Säule 24/24 aufgesetzt ist. Der Aufgang zur Abfahrtsplattform ist im Innern des Gerüstes.

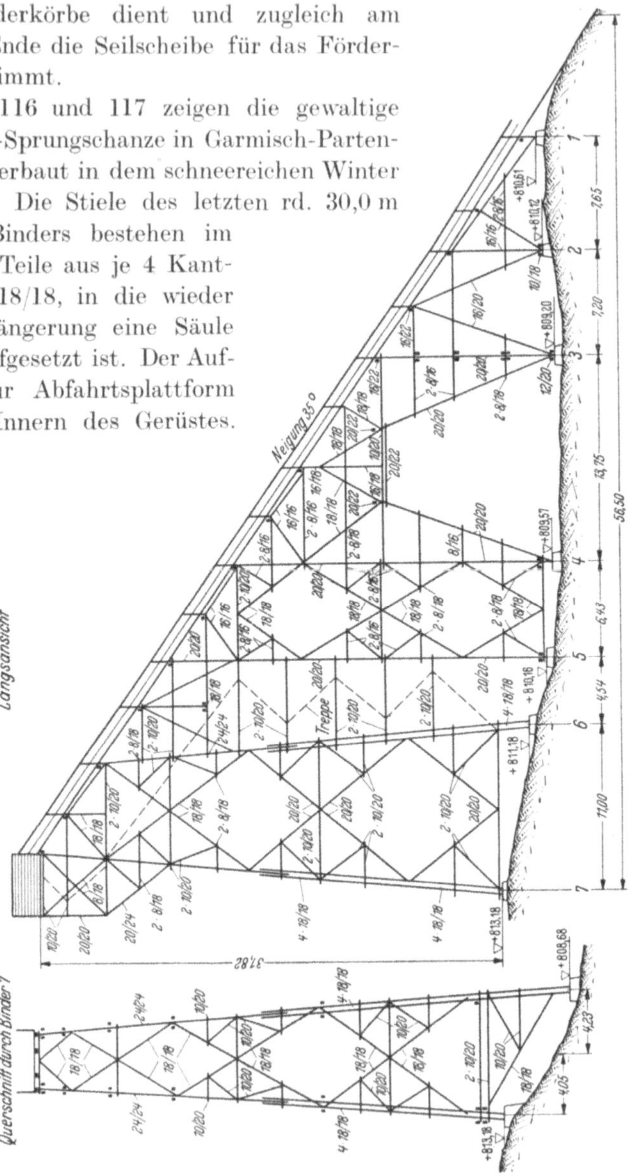

Abb. 116. Olympia-Sprungschanze in Garmisch-Partenkirchen. Systemzeichnung.

Der Holzbedarf für die abgebundene Anlage betrug 110 m³. An den Verbindungsstellen sind Bulldogplatten eingebaut. (Entwurf: Gemeindebauamt Partenkirchen unter Leitung des Gemeindebau-

Abb. 117. Ansicht der Olympia-Sprungschanze. Aufn.: B. Johannes (Beckert) Garmisch-Partenkirchen

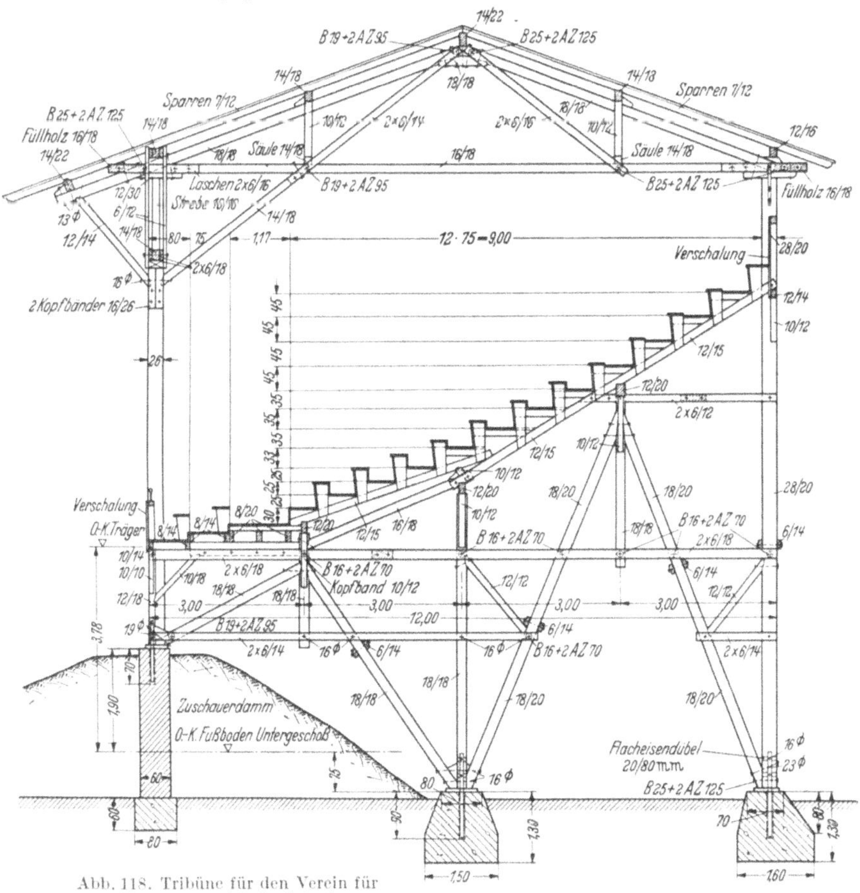

Abb. 118. Tribüne für den Verein für Bewegungsspiele in Leipzig.

meisters Albinger. Ausführung: Baugeschäft J. Eitzenberger, Partenkirchen.)

Als Beispiel für eine Tribüne ist in Abb. 118 die Tribüne für den Verein für Bewegungsspiele in Leipzig dargestellt. Als Verbindungsmittel dienen Alligator-Zahnringdübel[1]. (Entwurf: Baumeister P. Grafe, Leipzig. Ausführung: R. Mekelnburg, Leipzig.)

Dienen die Tribünen manchmal nur vorübergehenden Zwecken, z. B. Paraden oder sonstigen Festlichkeiten, so werden sie durchweg nicht eingedeckt. Es ist aber darauf zu achten, daß sie trotzdem mit aller Sorgfalt konstruiert werden, insbesondere daß die nötigen Längs- und Querverbände eingebaut werden, und daß ferner das Holz so wenig wie möglich verschnitten wird, um es nach dem Abbruch für andere Zwecke wieder verwenden zu können.

VI. Brücken [6].

Im Brückenbau spielte früher das Holz neben dem Stein die wichtigste Rolle. Infolge der ständigen Zunahme der Achsdrücke und der dynamischen Erschütterungen ist das Gebiet des Eisenbahnbrückenbaus dem Holzbau restlos verlorengegangen. Auch für Straßenbrücken kommt Holz als Baustoff im allgemeinen bei Nebenstraßen im Mittelland

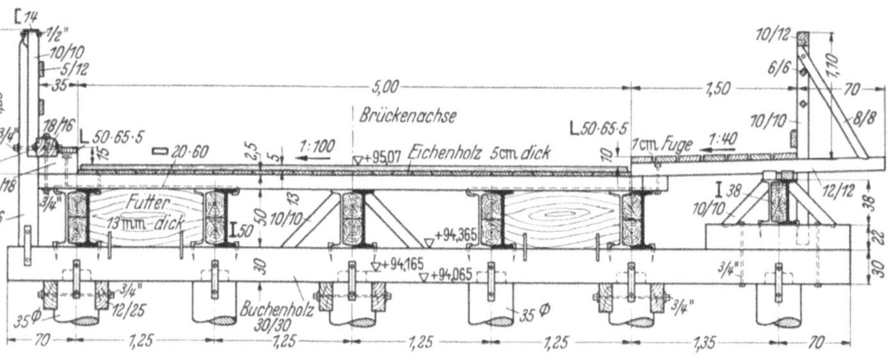

Abb. 119. Querschnitt durch die Fahrbahntafel der Notbrücke über die Weser in Höxter.

und Gebirge — selbst bei Verwendung neuzeitlicher Verbindungsmittel — immer seltener in Frage. Zweckmäßig und wirtschaftlich ist unter Umständen das Holz beim *Bau von Werks- und Transportbahnen, Verladeanlagen*, besonders dann, wenn ihre Lebensdauer beschränkt ist, und bei sog. *Gerüstbrücken.* Hier liegt bei Talübergängen die Fahrbahn sehr hoch, der Raum unter der Brücke kann meist durch hölzerne Joche im Abstand von 6—10 m verbaut werden. Der Überbau, der gegenüber dem Unterbau in den Hintergrund tritt, besteht aus einfachen oder verdübel-

[1] Gesteschi, Th.: Bautechn. 13 (1935) S. 537.

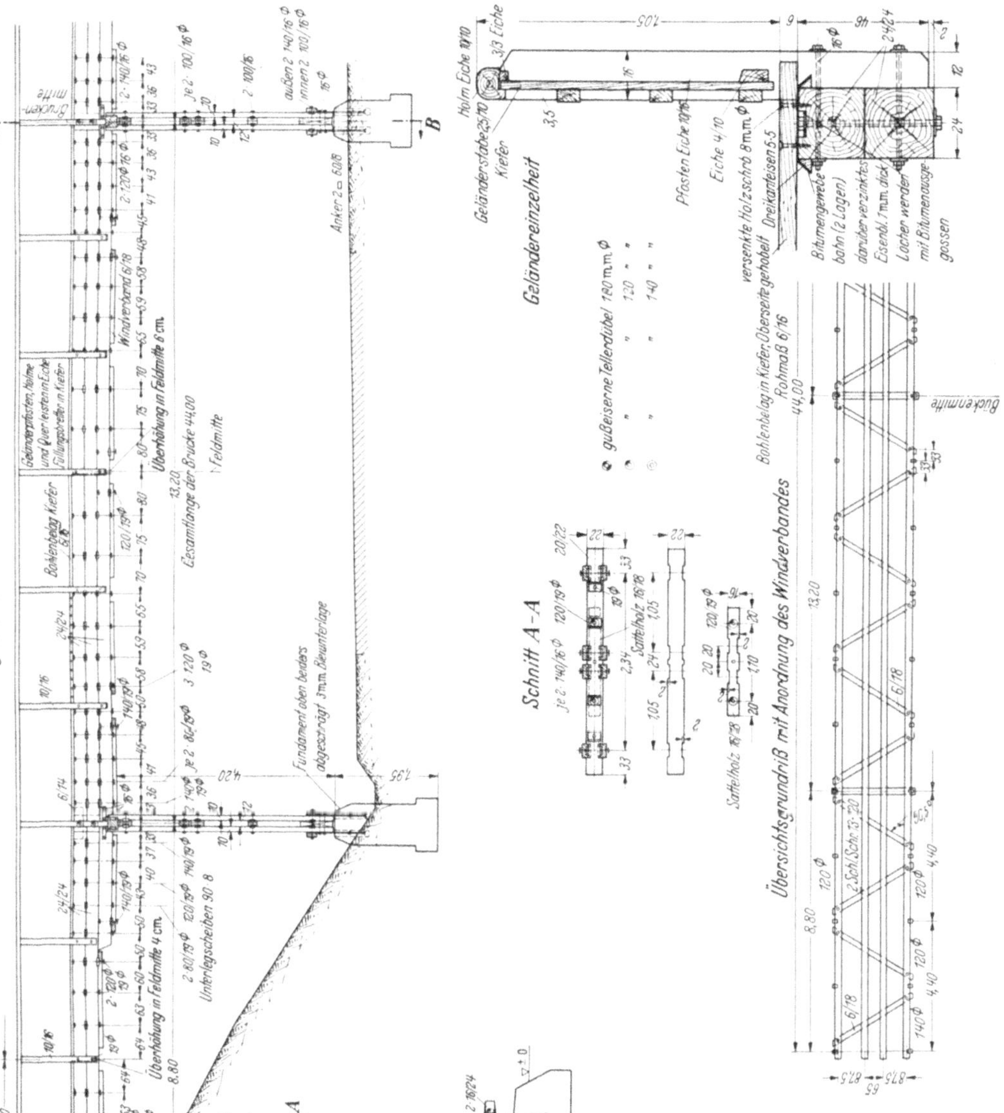

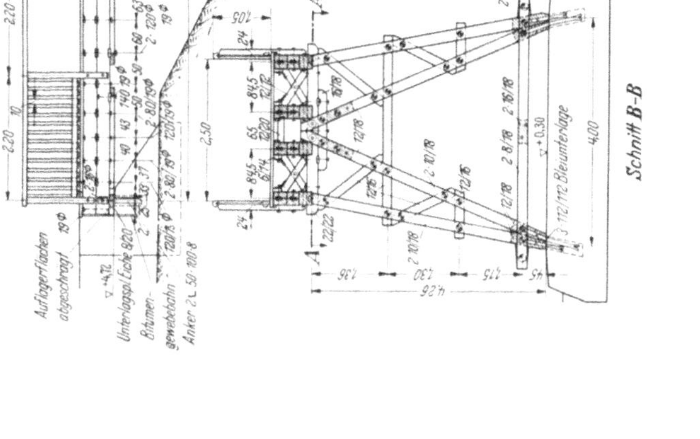

Abb. 120. Fußgängerbrücke bei Hilden der Reichsautobahnstrecke Köln-Düsseldorf.

ten Balken, unter Umständen unter Zuhilfenahme von Sprengwerken. Sehr zweckmäßig ist in diesem Falle die Verwendung von Lärchenholz. Jedenfalls wird man das Holz unter allen Umständen imprägnieren. Bei größeren Spannweiten — auch bei Notbrücken — verwendet man heute gemischte Konstruktionen, indem man als Hauptträger I-Stähle wählt, während alle anderen Teile des *Überbaus* — *Querträger*, *Längsträger* und *Fahrbahntafel* (*Bohlenbelag*) — und der Unterbau (Joche) aus Holz bestehen. Abb. 119 Querschnitt durch die Fahrbahntafel der Notbrücke über die Weser in Höxter. In der Schiffahrtsöffnung bestehen die Hauptträger aus

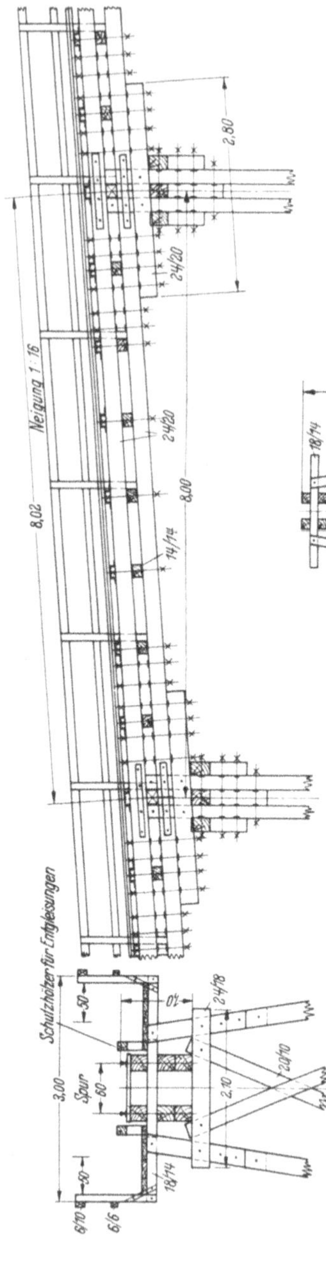

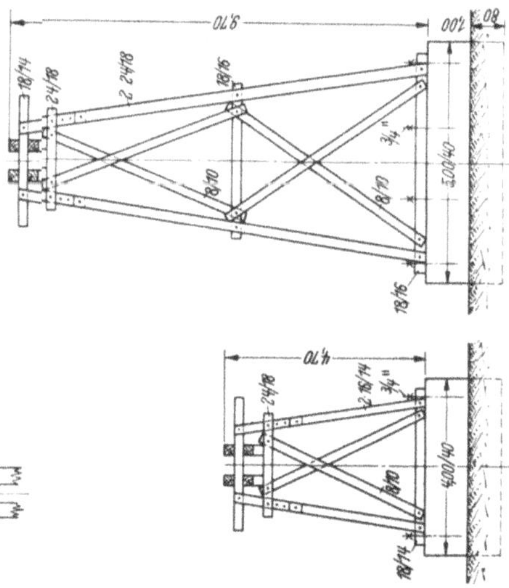

Abb. 121. Förderbrücke für Lokomotivbetrieb.

I P 70 und I P 55, sonst aus I P 60 und I P 38. (Ausführung: Firma H. Knoop, Höxter.)[1] Je nach dem Zweck und der Art der Brücke können die Längsträger, bisweilen auch die Querträger fehlen. Die Fahrbahntafel ruht dann unmittelbar auf den Hauptträgern. In den letzten Jahren sind derartige Brücken als Fußgängerstege (Jäger-

[1] Natermann, E.: Bautechn. 14 (1936) S. 493.

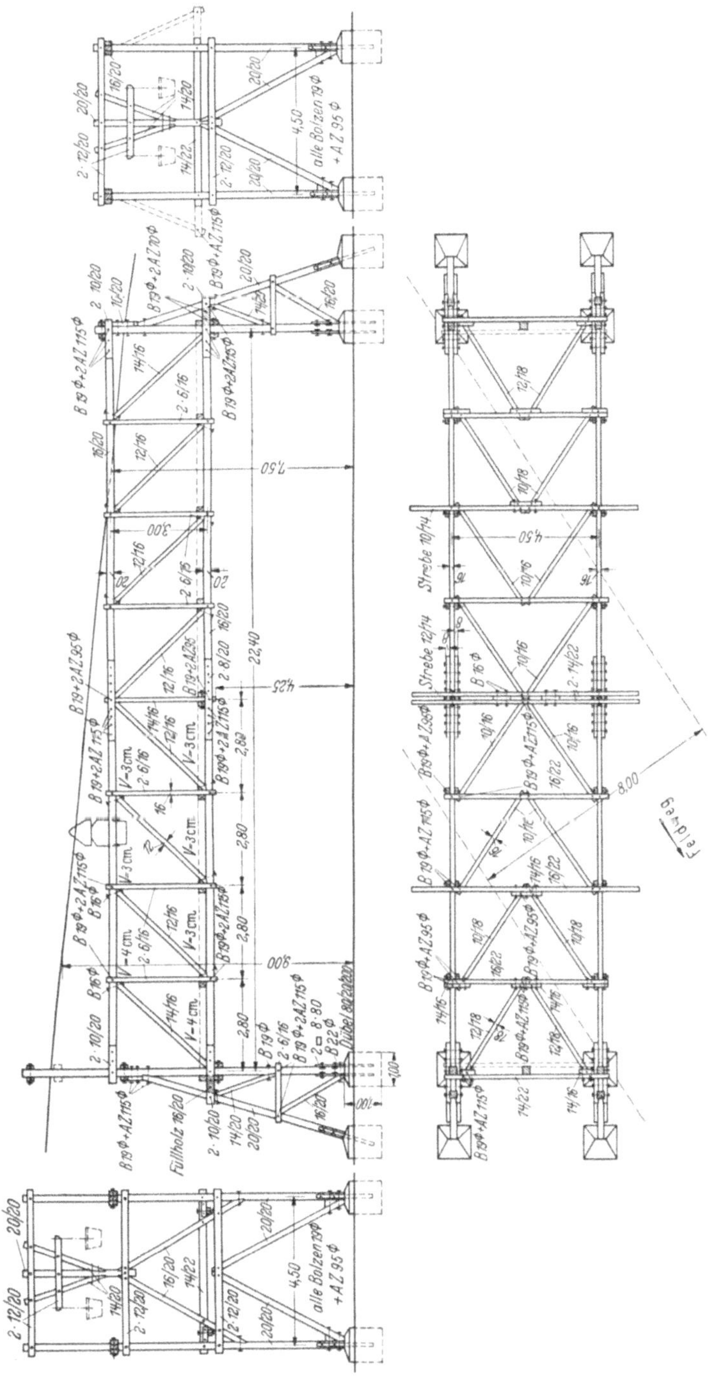

Abb. 122. Schutzbrücke für eine Drahtseilbahnanlage in Liebertwolkwitz.

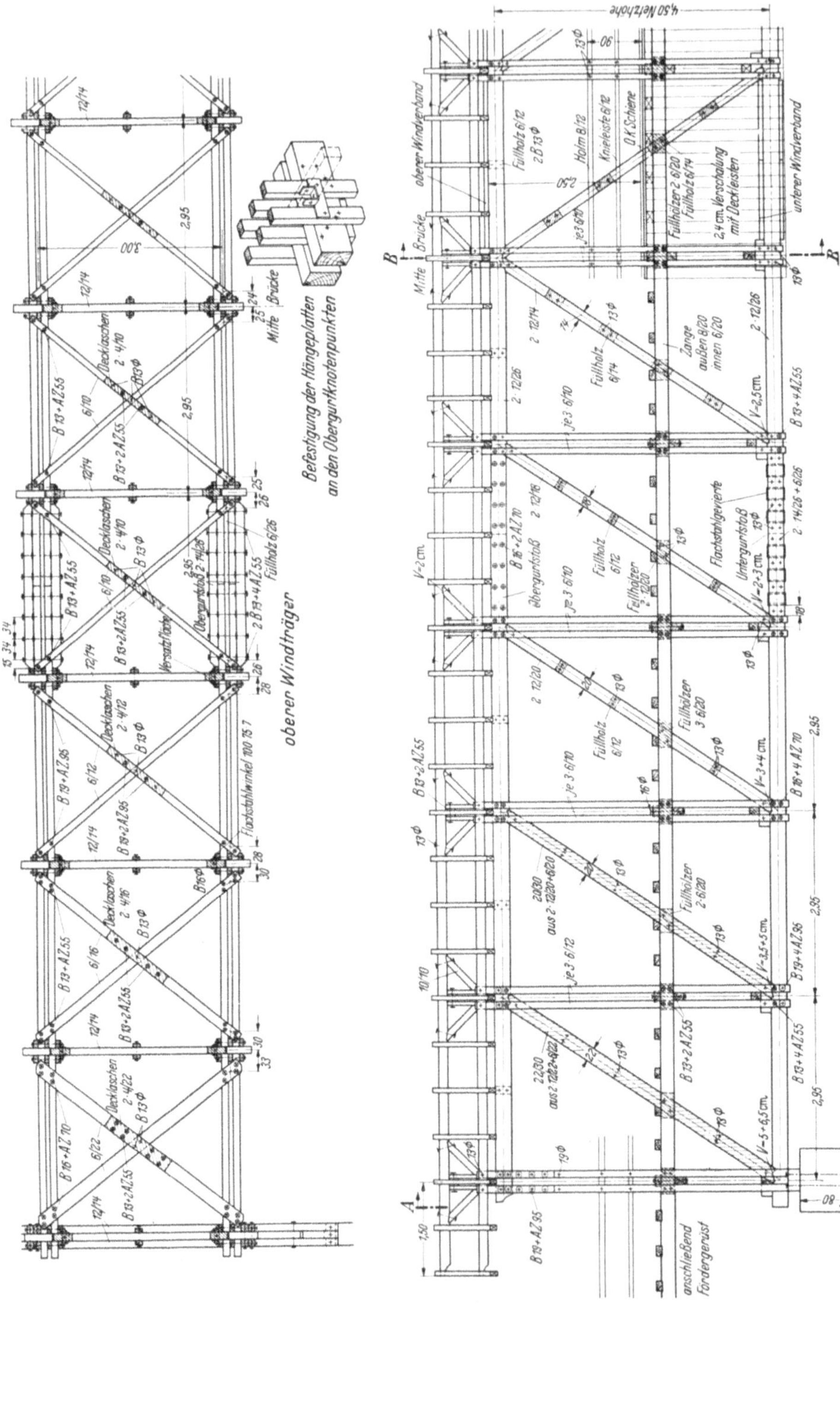

Abb. 123. Holzbrücke über die Weiße Elster für die Flockenbast A. G., Plauen i. V.

steige) beim Bau der Reichsautobahnen vielfach zur Ausführung gekommen. Abb. 120 Fußgängerbrücke bei Hilden der Reichsautobahnstrecke Köln—Düsseldorf. (Ausführung: Dipl.-Ing. K. Jost, Köln.)

Die verdübelten Balken aus Kiefernholz bestehen in den Randfeldern aus zwei Lagen und in den Mittelfeldern aus drei Lagen — Verbindungsmittel: Tellerdübel —. Der Bohlenbelag — ebenfalls aus Kiefernholz — ist 6 cm dick und mit den Balken durch Holzschrauben verbunden. Die Pfosten und Holme der Geländer bestehen aus Eichenholz. Abb. 121 zeigt eine Förderbrücke für Lokomotivbetrieb für das Werk „Saale“ in Nietleben bei Halle a. d. S. der Portland-Zementfabrik

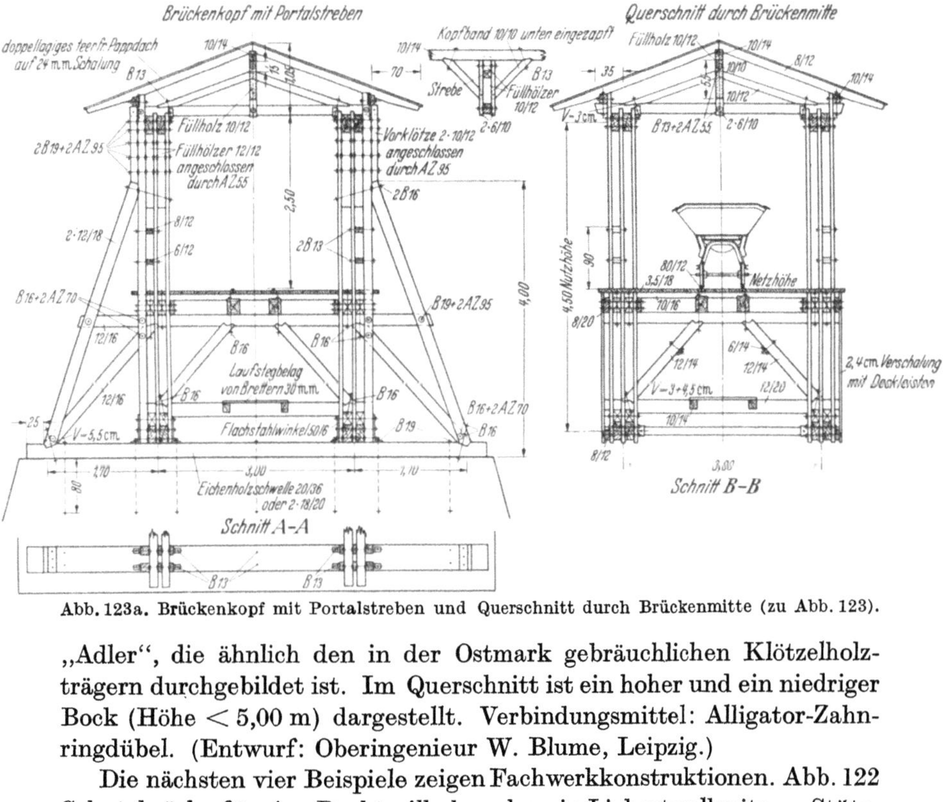

Abb. 123a. Brückenkopf mit Portalstreben und Querschnitt durch Brückenmitte (zu Abb. 123).

„Adler“, die ähnlich den in der Ostmark gebräuchlichen Klötzelholzträgern durchgebildet ist. Im Querschnitt ist ein hoher und ein niedriger Bock (Höhe < 5,00 m) dargestellt. Verbindungsmittel: Alligator-Zahnringdübel. (Entwurf: Oberingenieur W. Blume, Leipzig.)

Die nächsten vier Beispiele zeigen Fachwerkkonstruktionen. Abb. 122 Schutzbrücke für eine Drahtseilbahnanlage in Liebertwolkwitz — Stützweite 22,40 m. (Ausführung: Zimmermeister A. Papsdorf, Liebertwolkwitz.)[1] Abb. 123. Holzbrücke über die Weiße Elster für die Flockenbast A.-G., Plauen i. V.

Diese Brücke ist nach dem Vorbild der alten Brücken eingedeckt und seitlich bis Oberkante Fahrbahn verschalt. Außer dem Schnitt

[1] Grafe, P.: Das Bauwerk B 13 (1939) S. 49 u. 50.

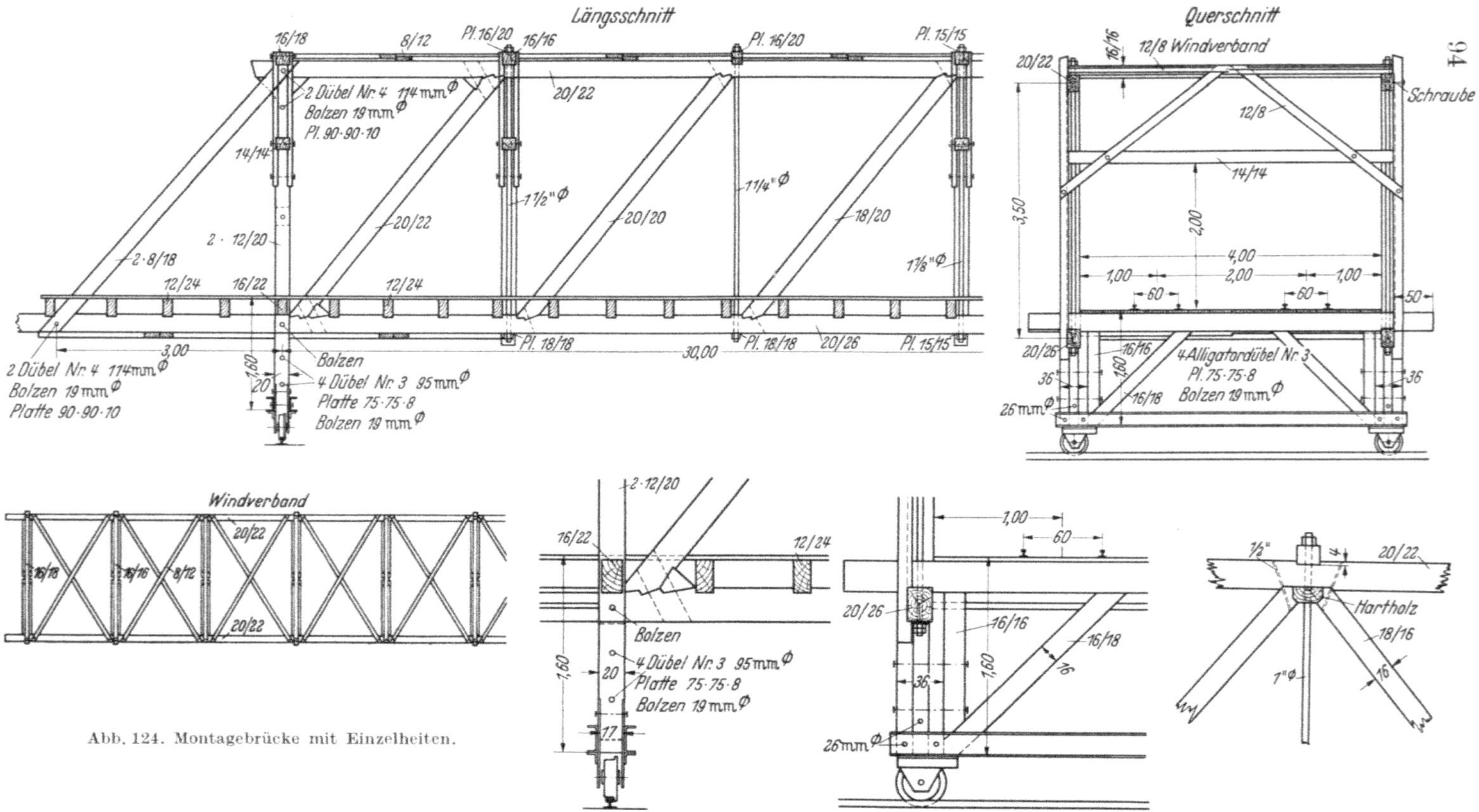

Abb. 124. Montagebrücke mit Einzelheiten.

A—A — Brückenkopf mit Portalstreben — und dem Querschnitt *B—B* durch Brückenmitte ist noch der obere Windträger besonders dargestellt.

Für den Untergurtstoß sind Flachstahl-Gevierte verwandt. Diese sind besonders zweckmäßig für gerade Stöße, die große Kräfte zu übertragen haben. Ihr Einbau ist einfacher als das Einpressen einer großen Anzahl von Alligator-Zahnringdübeln, die als Verbindungsmittel an den übrigen Knotenpunkten benutzt sind. (Ausführung: Firma Carius & Seidel, Plauen i. V.) (Entwurf der beiden letzten Beispiele: Baumeister P. Grafe, Leipzig.)

Abb. 124 zeigt eine Montagebrücke, die auf Schienen fahrbar ist und die die 300 m lange und 25 m breite Baustelle in ihrer ganzen Länge und Breite bestreichen konnte. Diese Konstruktion ist bisweilen zweckmäßiger und vor allem billiger als ein Montagekran, dessen Anschaffungs-

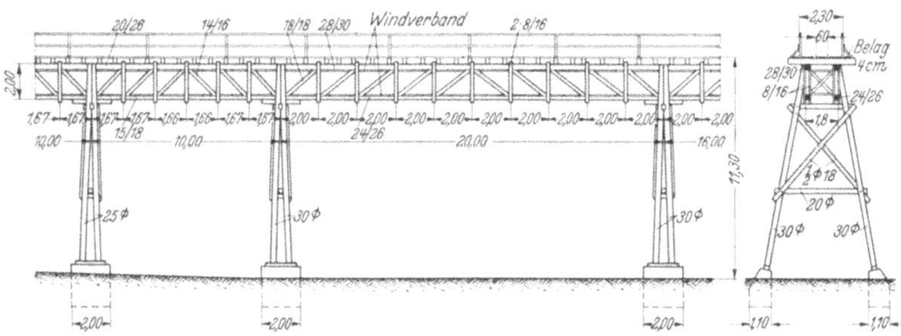

Abb. 125. Transportbrücke der Zementfabrik Siegfried, Salzderhelden (Südhannover).

kosten mit der Größe des Gerätes wachsen und wirtschaftlich nur tragbar sind, wenn dauernd große Baustellen zur Verfügung stehen. Die Zugstangen haben doppeltes Gewinde; damit ist jederzeit die Möglichkeit zum Nachziehen gegeben. In den Einzelheiten sind der Knotenpunkt über dem Rad und der Strebenansatz in der Mitte dargestellt[1].

(Entwurf und Ausführung: Baumeister R. Heinze, Trebnitz.)

Abb. 125 zeigt ein Stück der 184 m langen Transportbrücke der Zementfabrik Siegfried-Salzderhelden für die Verbindungsbahn vom Steinbruch zum Werk. Spurweite 60 cm; Belastung: 7 t-Lokomotive und 1 m^3 Kipploren. Entfernung der Joche 10 m, über der Straße und im Anschluß daran 20 m bzw. 16 m. Als Auflager der Brücke über der Straße mit 20 m Netzweite würden an Stelle der einfachen Pfostenjoche Turmpfeiler empfehlenswerter sein. Die Brücke ist später durch den Einbau von Geka-Dübeln für eine 12 t-Diesellokomotive verstärkt worden[2].

---

[1] Heinze, R.: Das Bauwerk B 8 (1934) S. 122.; Bautechn. 14 (1936) S. 440/441.

[2] Stoy, W.: Z. VDI 81 (1937) S. 1418/19.

VII. Baugerüste.

Unbestritten ist die Verwendung des Holzes bei Bauten für vorübergehende Zwecke, **Baugerüste oder Rüstungen,** die mehr oder weniger kurze Zeit zu stehen haben und deshalb auch keine besondere Schutzmaßnahmen hinsichtlich Lebensdauer verlangen. Im eigentlichen Hochbau spielen die Gerüste eine untergeordnete Rolle; sie werden daher gewöhnlich nicht vorher entworfen und berechnet, sondern beim Bau selbst je nach den örtlichen Verhältnissen errichtet.

Im Brücken- und Ingenieurhochbau (hierher gehören auch schwierigere Neu- und Umbauten des eigentlichen Hochbaues) kommt dagegen den Gerüsten eine hervorragende Bedeutung zu. Für Lehr- und Schalgerüste, Aufstellungs- und Hilfsgerüste ist es durchaus geboten, mit derselben Sorgfalt zu rechnen und zu konstruieren, als wenn man es mit einer Brücke oder einem Hallenbau zu tun hätte. Ein Zusammenbruch ist kein geringeres Unglück in bezug auf Menschenleben und Kosten.

A. Lehrgerüste [*10* b, *14*][1].

Lehrgerüste, die zur Erbauung von Bogenbrücken dienen, haben die Aufgabe, die Last des noch nicht erhärteten Gewölbes zu tragen und ferner als Lehre für die Leibung zu dienen. Sie können *unterstützt* oder *fest* sein, wenn sie an beliebig vielen Punkten nach dem Untergrund abgestützt werden können, oder *freitragend* sein, wenn sie nur auf zwei Punkten — meist in der Nähe der Kämpfer — gelagert sind.

1. Unterstützte Lehrgerüste.

Das **Obergerüst**, das bei großer Höhe bisweilen in mehrere Stockwerke aufgelöst wird, muß absenkbar sein und ruht auf den *Ausrüstungsvorrichtungen* (Schraubenspindeln, Sandtöpfe, Bügelhölzer, Keile). Diese müssen zugänglich sein und außerhalb des Bereiches des Sommerhochwassers liegen. Um den beweglichen Teil in Abmessungen und Gewicht niedrig zu halten, werden sie so hoch als möglich angeordnet, in der Regel in Höhe des Kämpfers. In Ausnahmefällen können sie auch höher oder tiefer liegen, sehr oft in zwei verschiedenen Höhen. Die Ausrüstungsvorrichtungen übertragen ihre Last auf die Pfosten oder Pfähle des festen Untergerüstes.

Das Obergerüst besteht aus mehreren nebeneinander liegenden parallelen Tragwänden, „*Bindern*" oder „*Gespärren*", die die Schalung zu tragen haben. Von den sehr zahlreichen Binderformen, die früher ausgeführt wurden, wird heute fast nur noch das *Strebenwerk* als die statisch beste Form angewandt[2]. Die *Kranzhölzer* ruhen unmittelbar auf den

---

[1] Hummel, Th.: Z. VDI 83 (1939) S. 339—342 u. S. 363—369. — Bautechn. 17 (1939) S. 145—149 u. S. 215—218.

[2] Stoy, W.: Bautechn. 4 (1926) S. 810.

Pfosten oder *Ständern* und den *Streben*; diese sind ihrerseits in einzelnen Punkten über den Ausrüstungsvorrichtungen auf die *Schwelle* abgestützt, die den unteren Abschluß des senkbaren Teiles des Lehrgerüstes bildet.

Abb. 126 Teil des Lehrgerüstes der Eisenbahnbrücke über den Neckar bei Cannstatt. (Ausführung: Dyckerhoff & Widmann.) Abb. 127 zeigt

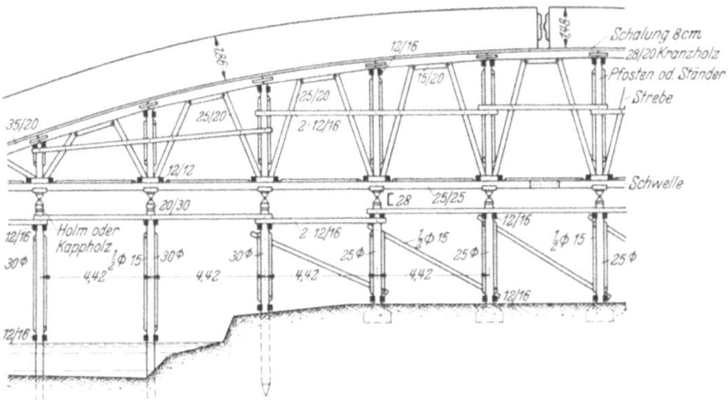

Abb. 126. Lehrgerüst der Neckarbrücke Cannstatt.

einen Ausschnitt aus dem Lehrgerüst der zweiten festen Straßenbrücke über die Mosel bei Koblenz[1]. Hier sind in jedem Knotenpunkt zwei Schraubenspindeln angeordnet und dementsprechend zwei Pfosten und zwei Streben vorhanden. Beide Lehrgerüste weisen einfache, volle Kranzhölzer über kleinen Sprengwerken auf. In Abb. 128 ist das Lehrgerüst der Donaubrücke Leipheim — Flußöffnung — dargestellt. Hier fassen die doppelten Kranzeisen die hochgehenden Zapfen der Pfosten und Streben zangenartig und liegen mit voller Breite auf diesen auf. (Ausführung: Neue Baugesellschaft Wayß & Freytag.) Abb. 129 zeigt Einzelheiten dieses Lehrgerüstes in der Vorlandöffnung[2]. Eine Meisterleistung des Gerüstbaues ist in Abb. 130 dargestellt, das Lehrgerüst der Teufelstalbrücke bei Hermsdorf i. Thür. (Ausführung: Grün & Bilfinger.)[3]

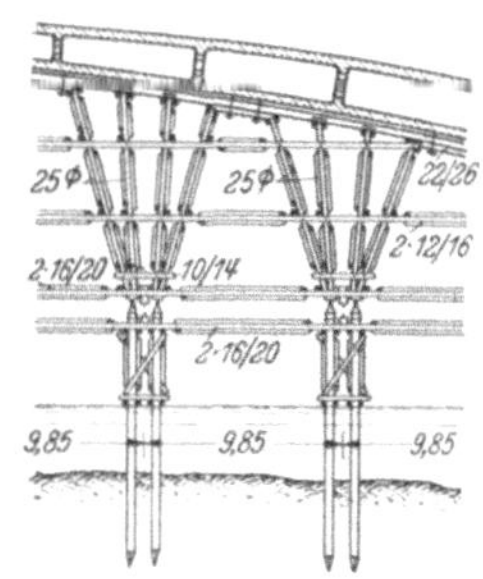

Abb. 127. Lehrgerüst der Straßenbrücke über die Mosel bei Koblenz.

Lehrgerüste werden heute als wichtige Ingenieurbauwerke betrachtet;

---

[1] Dischinger, Fr.: Bautechn. 12 (1934) S. 332.

[2] Klett, E. und Th. Hummel: Bautechn. 16 (1938) S. 521—535.

[3] Jüngling, O.: Z. VDI 82 (1938) S. 773/76. — Beton u. Eisen 37 (1938) S. 177/88.

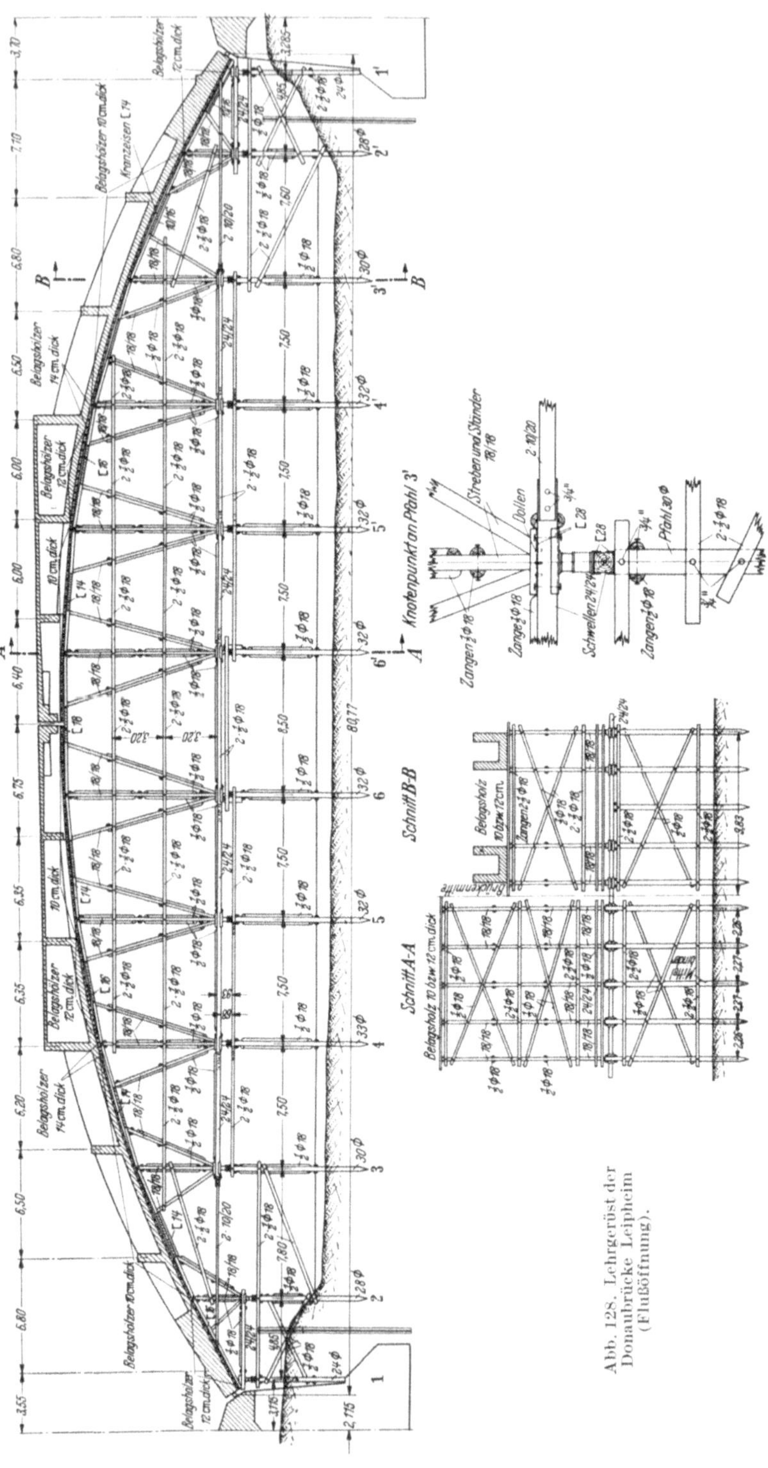

Abb. 128. Lehrgerüst der Donaubrücke Leipheim (Flußöffnung).

sie sind so zu bauen, daß sie sich unter der aufzubringenden Gewölbelast möglichst wenig verformen. Daher sind auf Biegung beanspruchte Teile zu vermeiden mit Ausnahme der Schalung und der Kranzhölzer, bei denen sich dies nicht umgehen läßt. Die Gewölbelasten sind klar auf

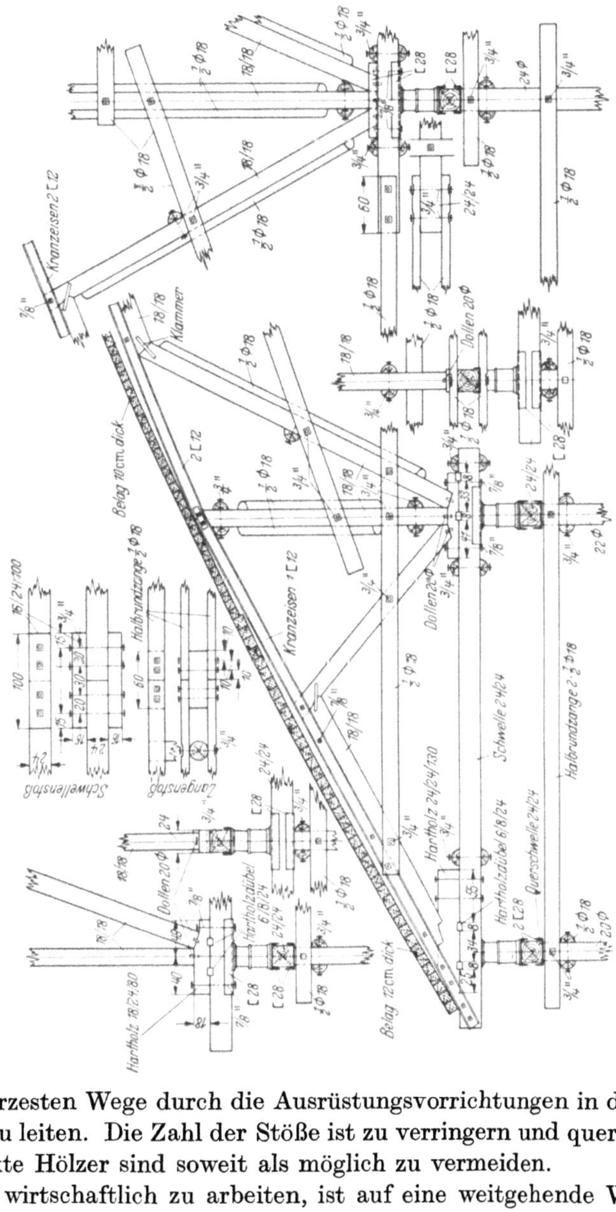

Abb. 129. Einzelheiten des Lehrgerüstes der Donaubrücke Leipheim in der Seitenöffnung.

dem kürzesten Wege durch die Ausrüstungsvorrichtungen in den Untergrund zu leiten. Die Zahl der Stöße ist zu verringern und quer zur Faser gedrückte Hölzer sind soweit als möglich zu vermeiden.

Um wirtschaftlich zu arbeiten, ist auf eine weitgehende Wiederver-

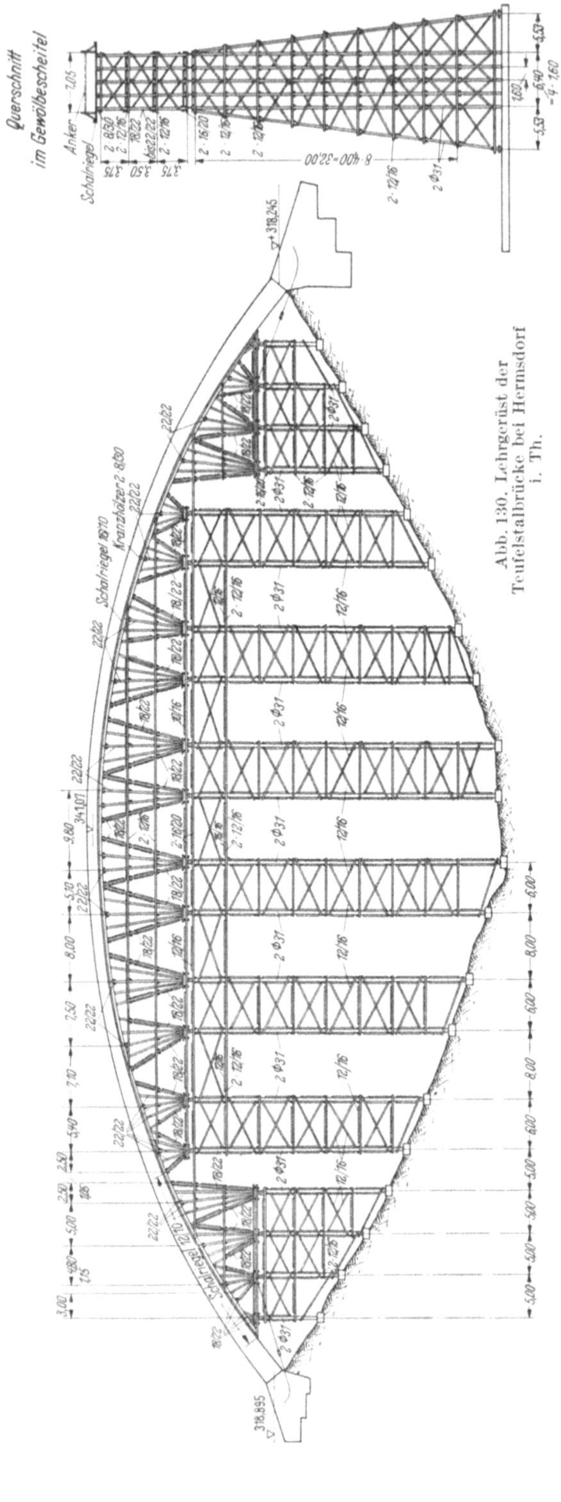

Abb. 130. Lehrgerüst der Teufelstalbrücke bei Hermsdorf i. Th.

wendung des Gerüstholzes Bedacht zu nehmen. Verkämmungen, Verblattungen, Überschneidungen, durch die das Holz hinterher für andere Zwecke unbrauchbar wird, sind daher zu unterlassen. Als Verbindungsmittel kommen nur Schraubenbolzen mit viereckigem Kopf und sechskantiger Mutter in Frage. Im allgemeinen wählt man $^3/_4''$ mit Unterlegscheiben 60/60/6 unter Mutter *und* Kopf; bei dickeren Hölzern und an den Knotenpunkten geht man auf $^7/_8''$ mit Unterlegscheiben 80/80/8. Derartige dickere Schraubenbolzen werden auch vielfach benutzt für das Anklammern doppelter Kranzhölzer an die Pfosten und Streben und für die Untergerüste, die im Hochwasserbereich stehen. Zur Erhöhung der Steifigkeit der Knotenpunkte dienen Einpreßdübel. Bei den großen Lehrgerüsten der letzten Jahre sind besonders die Alligator-Zahnringdübel mit bestem Erfolge verwandt worden. Eiserne Klammern, die beim Aufstellen von Lehrgerüsten viel ver-

Abb. 130a. Das Lehrgerüst im Bau. (Turmdrehkrane von 28 m Nutzhöhe und 20 m Ausladung.)

Abb. 130b. Nachtaufnahme des Lehrgerüstes.

wandt werden, dienen dazu, Hölzer gegeneinander zu ziehen bzw. ein Verschieben in waagerechter Richtung zu verhindern.

Obwohl die Kosten der Lehrgerüste bei Massivbauten einen wesentlichen Teil der Gesamtbaukosten ausmachen (etwa 10—30%), wurde früher ihre statische Untersuchung mehr oder weniger vernachlässigt nach dem Grundsatze: „Lehrgerüste konstruiert man und rechnet dann höchstens einige Teile nach.“ Mit zunehmender Erkenntnis der Festigkeitseigenschaften des Holzes wendet man heute dem Entwurf, der Berechnung und der Ausführung von Lehrgerüsten die gleiche Aufmerksamkeit zu wie dem eigentlichen Bauwerk. Werden doch die Gerüste oft kaum weniger beansprucht als das Bauwerk selbst, und hängt von ihrer Güte und sachgemäßen Ausführung in hohem Grade auch die Güte des Bauwerkes selbst ab. Nachdem heute durchweg die Berechnung der einzelnen Bauglieder bis ins kleinste durchgeführt und der Ausbildung der Knotenpunkte die größte Aufmerksamkeit geschenkt wird — Einschaltung von Hartholz und Profilstählen ([-Stähle bzw. Larssen)—, genügt es bei sachgemäßer praktischer Ausführung zum Eigengewicht von vollen Gewölben einen Zuschlag von 200—250 kg/m² für die Belastung durch Arbeiter und Geräte zu machen. Erschütterungen, die durch das Kippen des Betons und das Stampfen entstehen können, wirken sich zwar während der Aufbringung des Betons aus. Der Einfluß dieser Nebenwirkungen ist jedoch, solange die volle Betonlast noch nicht aufgebracht ist, geringer als der des noch fehlenden Betongewichtes. Ist dieses voll vorhanden, so spielen die geringen Zusatzbelastungen keine Rolle. Deshalb könnte u. U. der Zuschlag von 200—250 kg/m² ebenfalls in Wegfall kommen [*10*b]. In vielen Fällen wird, um die Zuschläge für die Belastung durch die Arbeiter und Geräte zu berücksichtigen, auch mit einem Raumeinheitsgewicht von 2,6 t/m³ für Eisenbeton gerechnet. Ein Lastzuschlag für das Untergerüst kann entfallen. Bei den neuerdings häufig vorkommenden aufgelösten Konstruktionen wird vielfach mit Rücksicht auf die hohen Bogenrippen bzw. Scheibenwände wegen der allmählich beim Betonieren zunehmenden Belastung für das Lehrgerüst lediglich das Eigengewicht der Brücke zugrunde gelegt.

Die zulässigen Beanspruchungen sind in DIN 1052 festgelegt. Ist Holz dauernd durchnäßt wie bei Pfahljochen oder wird ausnahmsweise frisch gefälltes Holz verwandt, so sind diese Werte auf zwei Drittel zu ermäßigen.

Zweckmäßige Maße beim Entwurf von Lehrgerüsten[1].

Der **Binderabstand** schwankt zwischen 0,90 und 2,25 m, liegt aber zweckmäßigerweise zwischen 1,40 und 1,60 m. Durch die Schwelle, die im allgemeinen etwa in Kämpferhöhe angeordnet wird, ist die Pfeilhöhe

[1] Stoy, W.: Der Brückenbau 16 (1927) S. 45 und 16 (1928) S. 70.

des Obergerüstes festgelegt. Beträgt diese mehr als 10 m, so teilt man das Obergerüst in zwei Stockwerke. **Die Knotenpunktentfernung** der Schwelle macht man etwa gleich der Pfeilhöhe bzw. der Pfeilhöhe des oberen Stockwerkes. Dieses Maß bleibt in den mittleren zwei Drittel bis drei Viertel der Schwellenlänge unverändert und nimmt gegen den Kämpfer hin ab. Bei schwach belasteten Gerüsten und geringer Pfeilhöhe wird die Knotenpunktentfernung größer und umgekehrt bei stark belasteten Gerüsten und großer Pfeilhöhe kleiner als die Pfeilhöhe gemacht. Man kommt damit zu Entfernungen von 4—8 m. Die Knotenpunktentfernung der Kranzhölzer beträgt im allgemeinen ein Drittel davon.

Diese Zahlen sollen nur einen ungefähren Anhalt bieten. Denn bei praktischen Ausführungen werden die Verhältnisse unter Umständen bestimmte Maße bedingen. Ferner wird jeder Unternehmer bestrebt sein, die vorhandene Schalung, Gerüsthölzer, Ausrüstungsvorrichtungen usw. auszunutzen. Auch ist man durch die Tragfähigkeit der Gerüstpfähle des Untergerüstes an gewisse Entfernungen gebunden.

Als **Schalung oder Belag** werden Schalriegel von 5—10 cm Dicke verwandt, die sich von Binder zu Binder frei tragen müssen. Dicken von 12—14 cm (Türstockholz) kommen nur bei Binderentfernungen von 2,00 m bzw. hohen Eisenbetonbogenrippen vor.

Die **Kranzhölzer** werden *einteilig* aus Kantholz oder *zweiteilig* aus starken Bohlen oder Halbhölzern hergestellt. Wird die Pressung bei

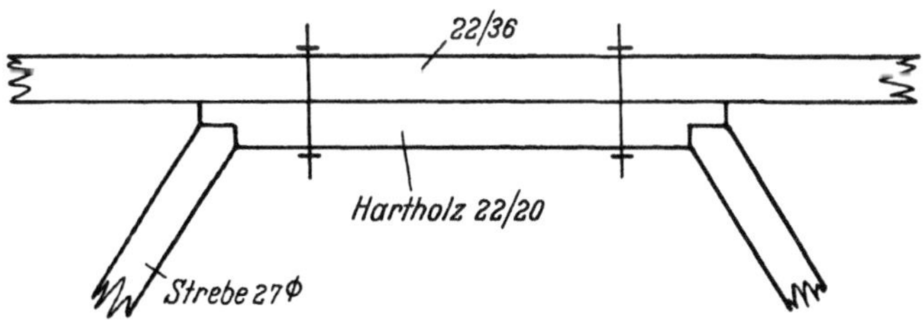

Abb. 131a.

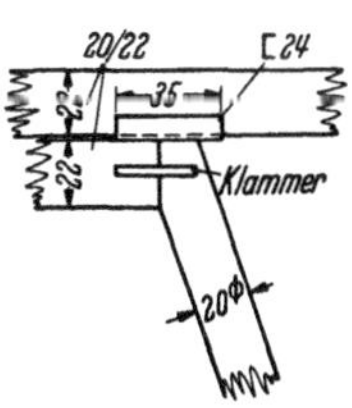

Abb. 131b.

Abb. 131a u. 131b. Verschiedenartige Ausbildungsmöglichkeiten des Anschlusses einer Strebe an ein einteiliges Krangholz.

den Kranzhölzern an den Auflagerknotenpunkten quer zur Faser zu groß, so werden neuerdings hierzu bei flachen Gewölben auch 2 [-Stähle 12 bis 16 verwandt (vgl. Abb. 128 u. 129). Die Verbindung eines Pfostens mit einem *einteiligen* Kranzholz ist in Abb. 44 dargestellt. Der Anschluß der Streben erfolgt dann durchweg sprengwerkartig unter Zuhilfenahme eines Spannriegels. In Abb. 131a — Lehrgerüst der Moselbrücke Koblenz — Massivbogen — ist der Spannriegel aus Hartholz ausgeführt und mit dem Kranzholz verbolzt. Ist mit einem einseitigen Strebenschub zu rechnen, so kann dieser zweckmäßig durch eingebaute Alligator-Zahnringdübel aufgenommen werden. Ebensogut sind die bei verdübelten Balken üblichen Hartholzdübel. Will man den Spannriegel auch in Weichholz ausführen, so ist die in Abb. 131b angewandte Konstruktion empfehlenswert — entnommen aus dem Lehrgerüst der Straßenunterführung Eltingen—Glemseck—Reichsautobahn. (Ausführung: J. Mörk, Leonberg.) Meistens können sogar die Druckverteilungseisen zwischen Strebe und Kantholz wegfallen, wenn entgegen der üblichen Gewohnheit das dicke Stammende der Strebe nach oben unter das Kranzholz gelegt wird und dadurch eine große Auflagerfläche entsteht.

Sobald die Pressung zwischen Pfosten und Kranzholz das zulässige Maß quer zur Faser von 20 kg/cm² überschreitet, sind besondere Sattelhölzer aus Hartholz einzuschalten. Es ist falsch, zwischen Kranzholz und Pfosten eine Pfette anzuordnen und auf diese entsprechend den Gepflogenheiten des Hochbaues die Kranzhölzer aufzuklauen. An Stelle dieses unnötig eingefügten Holzes, das quer zur Faser gedrückt wird, ordnet man besser Zangen an, um den Querverband herzustellen.

Die Verbindung *zweiteiliger* Kranzhölzer mit den Pfosten und Streben ist in Abb. 51 dargestellt. Verwendet man [-Stähle als Kranzhölzer, so wird das mittlere Drittel zwischen den Strebenanschlüssen mit Holz ausgefuttert. Ebenso wird der über den [-Stählen liegende segmentförmige Teil aus Holz hergestellt. In gleicher Weise ist bei Verwendung von Bohlen bzw. Kanthölzern zur Herstellung der Bogenform eine Auffutterung notwendig, wenn man allzubreite Hölzer und unwirtschaftlichen Verschnitt vermeiden will. Diese erstreckt sich bei einteiligen Hölzern meist nicht über die ganze Breite, sondern besteht aus einer 5—6 cm dicken Bohle.

Die **Pfosten und Streben** sind auf Knicken zu berechnen. Werden sie durch Längszangen elastisch gehalten, kann die Knicklänge auf 0,8 ihres Wertes ermäßigt werden. Sie werden wegen des einfacheren Abbindens meist aus Kantholz hergestellt. Werden bei schwer belasteten Gerüsten Rundhölzer gewählt, so sind diese für ein gutes Anliegen der Zangen zweiseitig zu bearbeiten.

Die **Schwelle,** die meist aus einem *Kantholz* besteht, läuft in der Regel in ganzer Länge durch, jedoch kommen auch Fälle vor, wo sie zur Freihaltung einer Öffnung für Schiffahrt oder Eisenbahnverkehr unterbrochen ist. Sie wird etwa alle 10—12 m stumpf gestoßen unter Verwendung von doppelten Holzlaschen und Schraubenbolzen (Abb. 48). Gewöhnlich werden zur Druckverteilung unter den Pfosten und Streben und über den Ausrüstungsvorrichtungen Hartholz- oder [-Stahlstücke angeordnet (Abb. 42). Bisweilen werden die Schwellen auch *zweiteilig* als Zangen ausgeführt; dann wird an den Knotenpunkten zwischen den

Pfosten und Streben und den Ausrüstungsvorrichtungen ein Hartholz eingeschaltet, das mit der Schwelle verschraubt wird (Abb. 132).

Längs- und Querverband sind beim Lehrgerüstbau von größter Wichtigkeit. Gerade fehlerhafte oder leichtsinnige Anordnungen von Aussteifungen haben manchen Einsturz verursacht. Die Abmessungen der Zangen und Kreuze (vielfach Halbrundhölzer), die die Verbände bilden, lassen sich nicht rechnerisch erfassen; ihr Querschnitt steht meist in einem gewissen Verhältnis zu dem der Pfosten und Streben und wird bedingt durch das Gefühl des entwerfenden Ingenieurs auf Grund der praktischen Erfahrung. Einen gewissen Anhalt bietet schon die Tatsache, daß der Holzaufwand für Längs- und Querverband etwa 20% des Gesamtholzaufwandes ausmacht[1].

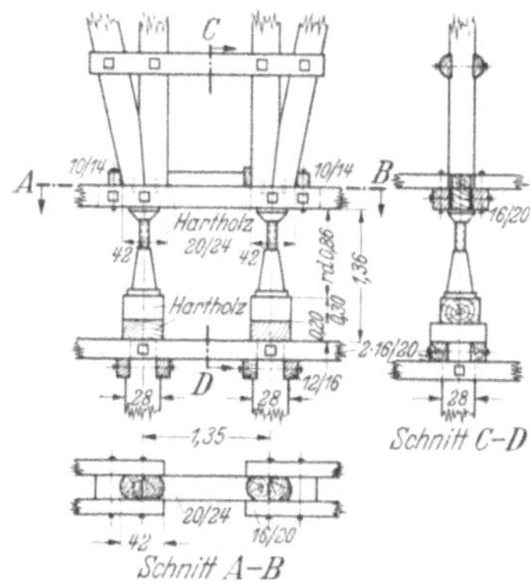

Abb. 132. Anschluß der Pfosten und Streben an eine zweiteilige Schwelle.

Für den *Längsverband* in der Binderebene genügt bei einer Pfeilhöhe bis etwa 7,50 m eine Zange in halber Höhe der längsten Streben, bei größerer Höhe werden zwei, bisweilen sogar drei Zangen angeordnet. Bei ganz niedriger Pfeilhöhe bis etwa 3 m kann man ganz darauf verzichten. *Querverbände* werden in der Ebene der Pfosten angeordnet. Diese werden oben unmittelbar unter den Kranzhölzern durch waagerechte Querzangen verbunden, die bisweilen auch an den Pfostenfußen angebracht werden. Ferner sind Querkreuze erforderlich, so daß unverschiebliche Vierecke entstehen. Für das Richten sind außerdem noch Querzangen vorzusehen, die neben jedem Knotenpunkt die Schwellen miteinander verbinden. Dadurch werden diese in ihren richtigen Abständen gehalten und gegen Umkanten geschützt. Die Gewölbeschalung macht einen oberen waagerechten Windverband entbehrlich. Am Untergurt des Obergerüstes bzw. am Obergurt des Untergerüstes (bisweilen an beiden) werden meist Windstreben angeordnet, denen aber keine große Bedeutung zukommt.

Das **feste Untergerüst** besteht aus Jochen von gerammten Pfählen oder von Pfosten, die auf Betonfundamenten aufstehen. Abb. 126 zeigt beide Ausführungen. Auf den Köpfen der gerammten Pfähle (Abb. 126 links) ist ein Querholm oder Kappholz angeordnet, auf dem die Ausrüstungsvorrichtungen stehen. Der Querverband wird gebildet durch Querzangen in Höhe des Niedrigwassers und durch Querkreuze. Bei An-

[1] Stoy, W.: Bautechn. 4 (1926) S. 819.

ordnung eines Querholmes können die oberen Querzangen wegfallen. Als Längsverband dienen nur Längszangen, die unmittelbar unter dem Querholm angebracht sind. Weitere Längskreuze sind nicht möglich, um nicht den Abfluß des Sommerhochwassers zu hindern. Ist der Untergrund genügend fest, so werden die Pfosten unmittelbar auf durchgehende Betonfundamente stumpf aufgesetzt (Abb. 126 rechts). Die Einschaltung einer Schwelle, wie sie im Hochbau üblich ist, ist falsch. Die Ausrüstungsvorrichtungen werden gleichfalls unmittelbar auf das Hirnholz der Pfosten gesetzt. Querzangen an Kopf und Fuß sichern den richtigen Abstand der Pfosten beim Aufstellen. Ebenso wie bei den Pfahljochen werden Längszangen und außer den Querkreuzen noch Längskreuze angebracht, da für diese hier kein Hinderungsgrund besteht.

Bei *hohem Unterbau* werden je zwei benachbarte Pfostenjoche durch Längs- und Querzangen und Kreuze zu einem Gerüst- oder Turmpfeiler zusammengefaßt. Die Entfernung der Angriffspunkte der Zangen beträgt etwa 4—6 m, so daß annähernd quadratische Felder entstehen. Werden die Pfosten über 10—12 m lang, so müssen sie gestoßen werden. Der Stoß, der in der Regel stumpf unter Verwendung von hölzernen oder stählernen Laschen ausgeführt wird, liegt unmittelbar über dem Kreuzungspunkt der Zangen.

Dem Lehrgerüst ist eine **Überhöhung** zu geben, damit nach dem Ausrüsten und nach vollendeter Schwindung die Stützlinie für Eigengewicht mit der errechneten Stützlinie zusammenfällt. Auf den Einfluß der Zusammendrückung des Bogens und der Widerlager, der Verkürzung des Bogens infolge Temperaturabfall und Schwinden, ferner infolge des Zusammenpressens der Berührungsflächen der Gelenke und der Arbeitsfugen in dem Gewölbe usw. soll nicht eingegangen werden. Die Zusammendrückung des Lehrgerüstes während der Zeit des Betonierens und vor Schließen der Schlußlamelle setzt sich zusammen aus der elastischen Verformung des Holzes, die sich nach dem HOOKEschen Gesetz mit $E = 100000$ kg/cm² berechnen läßt (sie kann zu rd. ½ mm je m Gerüstpfosten angenommen werden), aus der Zusammendrückung der Hölzer, die nach Erfahrung für jede Auflagerfuge mit 2 mm eingesetzt werden kann, und aus der Zusammendrückung des Sandes in den Sandtöpfen. Diese beträgt nach Versuchen bei einer Last bis zu 20 t 4 mm und bis zu 30 t 6 mm [*10*b].

2. Freitragende Lehrgerüste.

Freitragende Lehrgerüste sind dann zweckmäßig, wenn der Raum unter dem Gewölbe für Verkehrswege usw. freigehalten werden muß oder der Erdboden ein Absprießen der Gerüste nicht gestattet. Sie können auch wirtschaftlich sein bei sehr hohen Pfeilern, besonders, wenn sie wiederholt benutzt werden können. Sie werden durchweg fertig auf dem

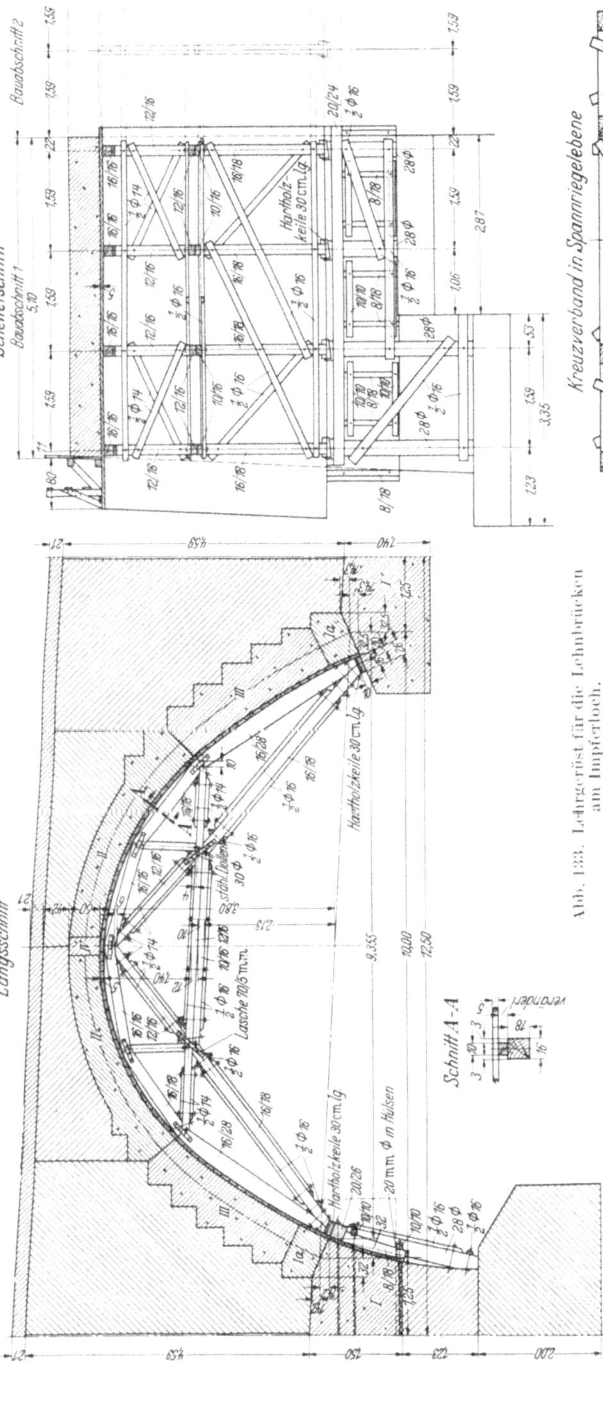

Abb. 133. Lehrgerüst für die Lehnbrücken am Impferloch.

Erdboden abgebunden und dann hochgezogen. Werden die Pfeiler betoniert, so ist zu bedenken, daß dafür eine Einschalung erforderlich ist und daß dann unter Umständen eine volle Ausrüstung zweckmäßiger sein kann. Auch spielt die Einrichtung der Baustelle (Vorhandensein von Auslegerkranen usw.) eine gewisse Rolle. Sie bestehen in ihrer einfachsten Form bei kleinen Weiten aus Dreiecksprengwerken, bei größeren Weiten aus Trapezsprengwerken in Verbindung mit Dreiecksprengwerken. In neuerer Zeit bevorzugt man regelrechte Bogenfachwerke, deren Herstellung bisweilen in zwei in sich vollständig abge-

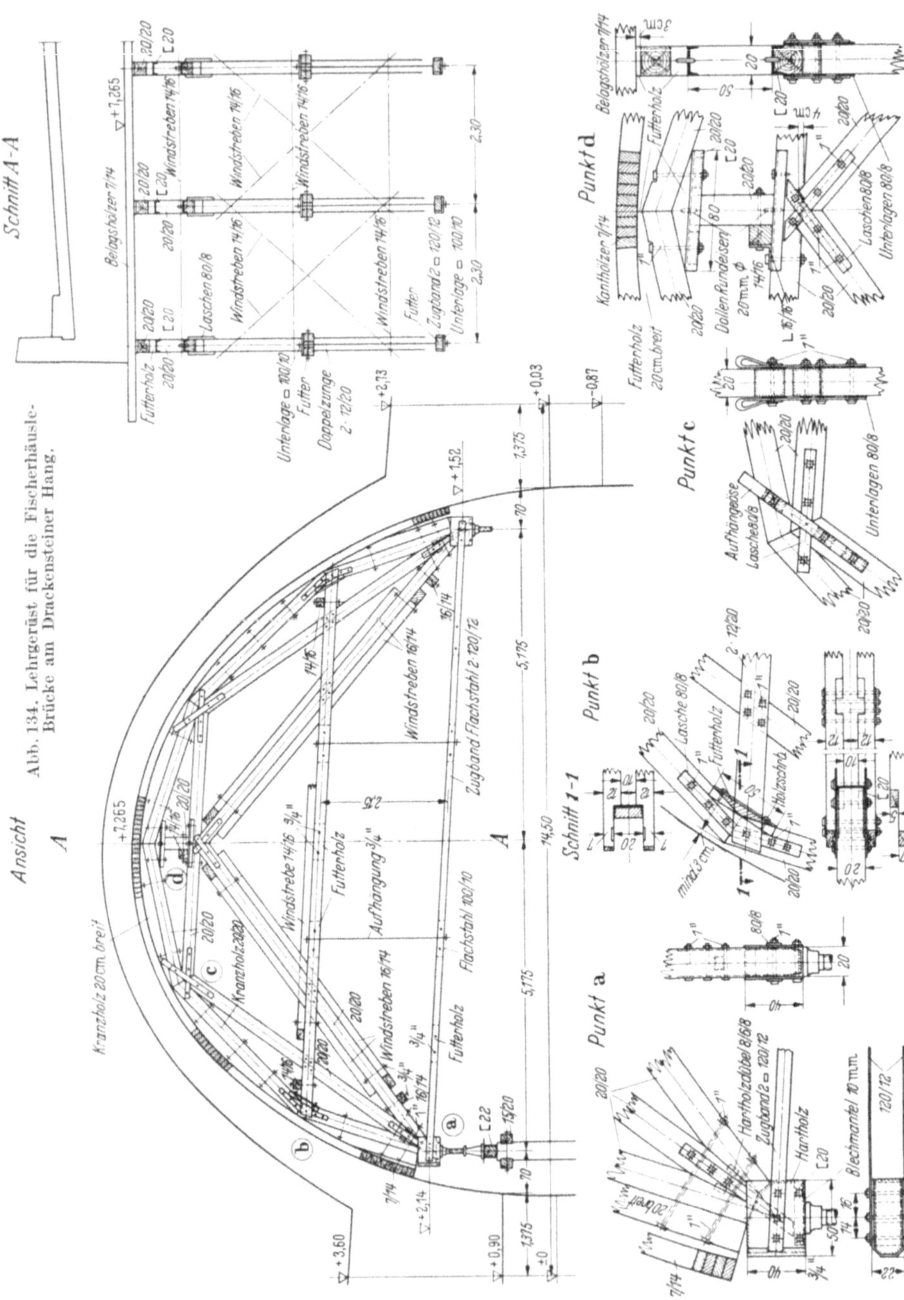

Abb. 134. Lehrgerüst für die Fischerhäusle-Brücke am Drackensteiner Hang.

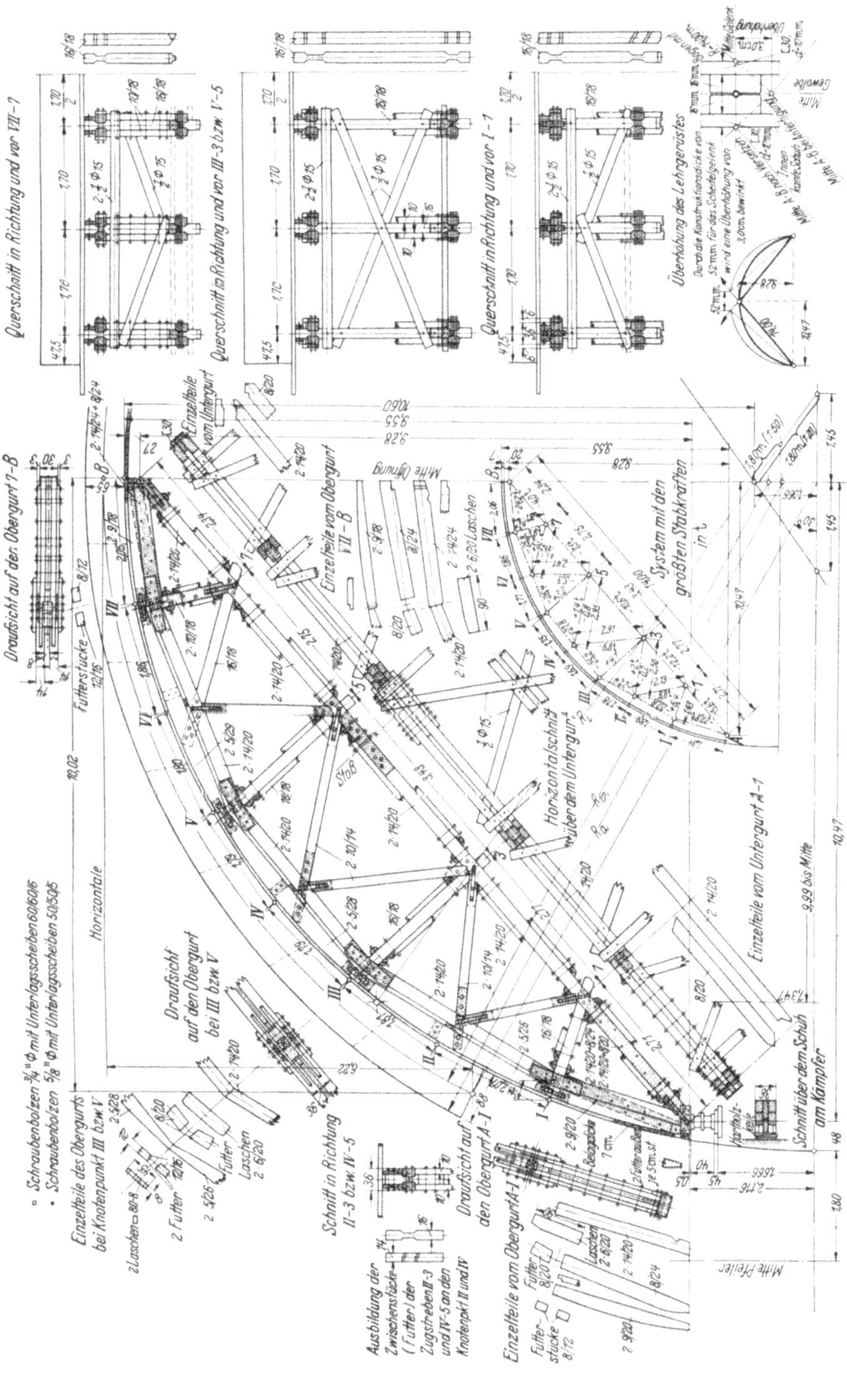

Abb. 135. Lehrgerüst der Talbrücke Steinegge. Freitragender Dreigelenkfachwerkbinder.

bundenen Binderhälften als Dreigelenkbogen erfolgt. Um eine möglichst starre Verbindung der Knotenpunkte zu erreichen, empfiehlt sich die Verwendung neuzeitlicher Holzverbindungsmittel. Als Beispiele seien in Abb. 133 das Lehrgerüst für die Lehnbrücken am Impferloch (Ausführung: Beton- und Monierbau) und in Abb. 134 das für die Fischerhäusle-Brücke am Drackensteiner Hang bei Wiesensteig (Ausführung: Heilmann & Littmann) — beide im Zuge der Reichsautobahnstrecke Stuttgart—Ulm—gezeigt. Ein vorzügliches Beispiel eines freitragenden Dreigelenkfachwerkbinders ist das in Abb. 135 dargestellte Lehrgerüst der Talbrücke Steinegge der Reichsautobahnstrecke Ruhrgebiet—Hannover. (Ausführung: Neue Baugesellschaft Wayß & Freytag.)

B. Schalgerüste.

Schalgerüste kommen im Eisenbetonhochbau und bei Eisenbetonbalken- und Rahmenbrücken zur Anwendung. Sie bestehen aus der **Schalung** im engeren Sinne und der **Rüstung oder Stützung.** Die Schalung wird hergestellt aus Brettern aus Nadelholz, 24—30 mm dick; sie soll den Unterflächen der Decken, den Balken, Säulen, Rahmenstielen und Wänden die erforderliche Form geben. Sie muß daher imstande sein, den seitlichen Druck des frisch eingebrachten Betons — dieser ist bei Gußbeton am größten — aufzunehmen und das Betongewicht unter Berücksichtigung der Last des Arbeitsbetriebes auf die Stützung zu übertragen. Die Dicke der Schalung ist abhängig von der Belastung, der Anordnung der Laschen und der Entfernung der stützenden Kanthölzer. Im allgemeinen ist es zweckmäßig — auch mit Rücksicht auf den Holzverlust beim Ausschalen — die Dicke nicht zu gering zu wählen und bei großen Betonabmessungen über 30 mm hinauszugehen. Bei Verwendung von frischem Schalholz muß man infolge des Schwindens mit der Entstehung von zu großen Fugen rechnen, während bei zu trockenem Holze das Quellen sich unangenehm bemerkbar macht. Bei der Herstellung der Schalung muß auf das Ausschalen Rücksicht genommen werden. Säulen, Rahmenstiele, Balkenseiten können früher ausgeschalt werden als die Balkenböden und Decken. Dabei müssen unter diesen einige Stützen, sog. *Notstützen*, noch länger stehen bleiben; an diesen und den darüber liegenden Schalbrettern darf nicht gerührt werden. Bisweilen ist gehobelte Schalung empfehlenswert, wenn die sichtbaren Betonteile keine Nachbehandlung erfahren. Die Herstellung erfolgt in Form von Schaltafeln, die an Ort und Stelle zu Schalkästen zusammengebaut werden. Als Verbindungsmittel dienen Nägel — seltener Kopfschrauben —, Schraubenbolzen und vor allem Rödeldraht (geglühter Stahldraht von etwa 2 mm Dicke). Die Ausführung erfolgt rein handwerksmäßig; nähere Einzelheiten vgl. [*10*a] und Löser, Betonkalender 1939, S. 17—21. In vielen Fällen ist es aber auch für den reinen Schalungsbau vorteilhaft, wenn man die Einteilung der Tafeln usw. nicht dem weniger geübten Bauführer und Polier oder gar Zimmermann überläßt. Eine einfache

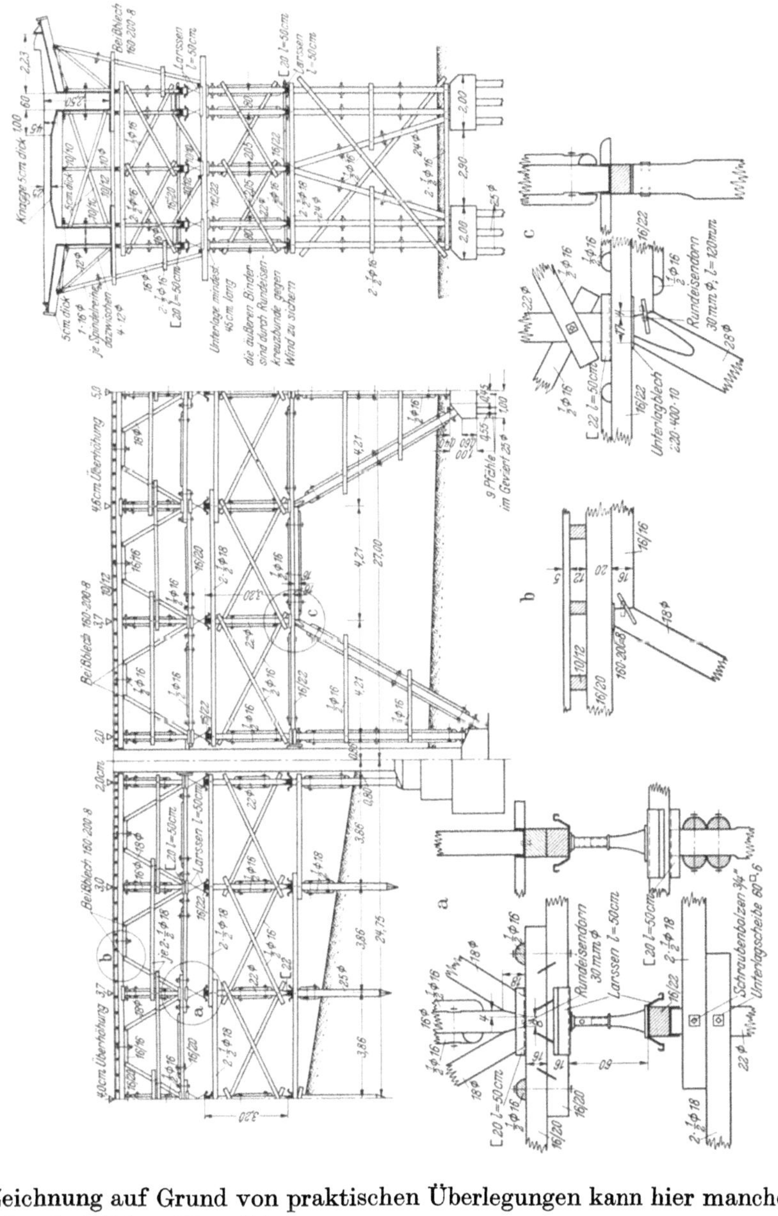

Abb. 136. Schalgerüst des Überganges bei Denkendorf.

Zeichnung auf Grund von praktischen Überlegungen kann hier manchen wirtschaftlichen Vorteil bringen.

Das **Stützgerüst** besteht in der einfachsten Form aus Rundholzstän-

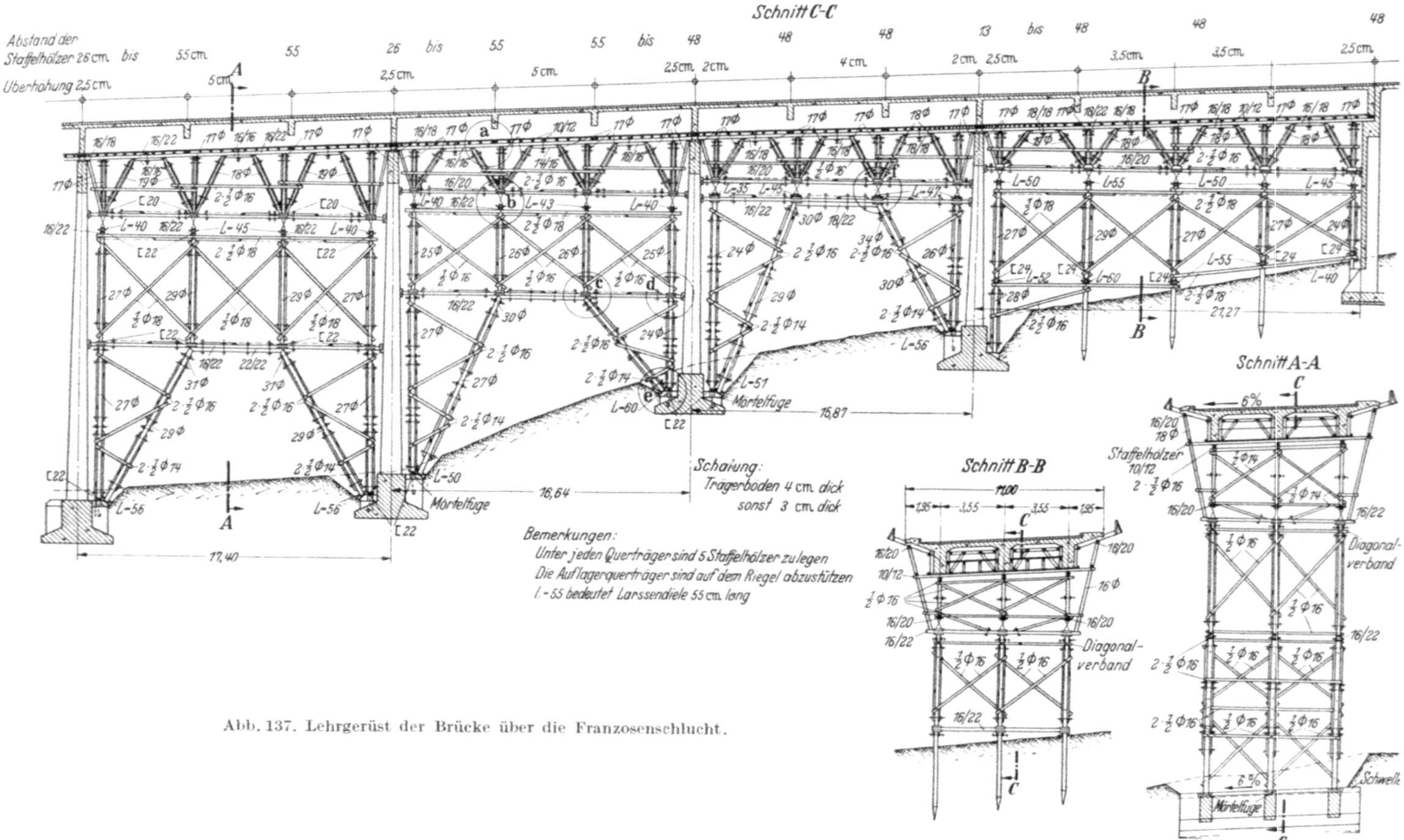

Abb. 137. Lehrgerüst der Brücke über die Franzosenschlucht.

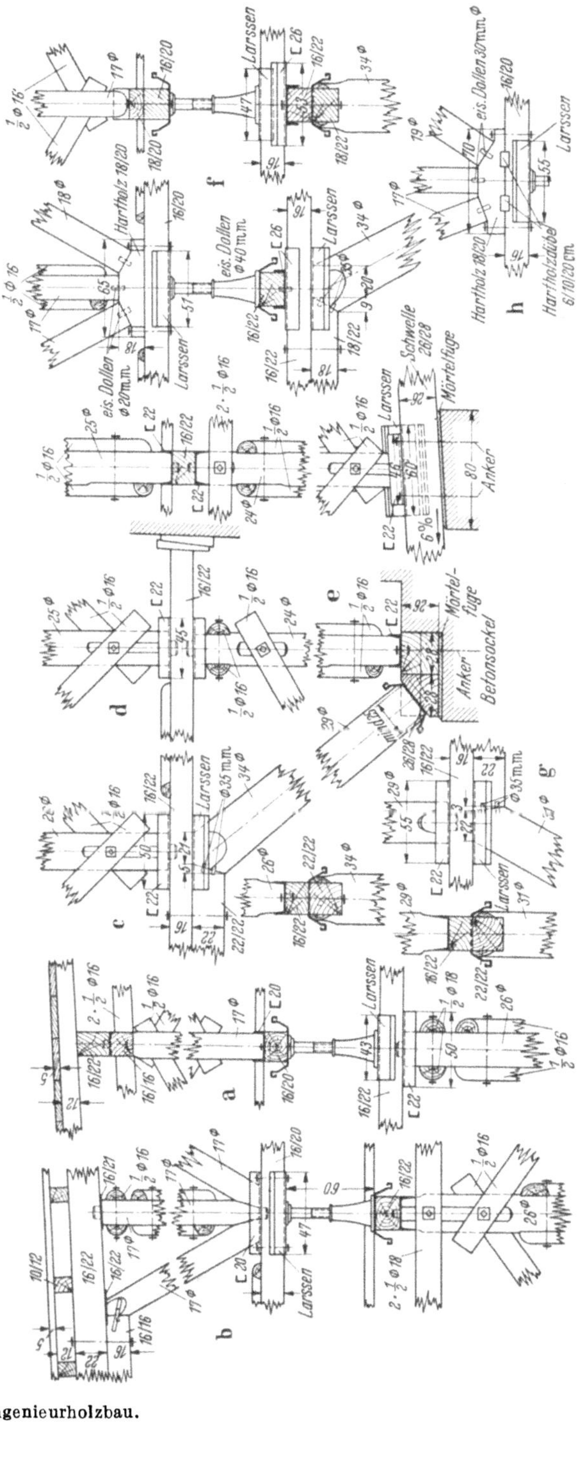

Abb. 137a. Einzelheiten zu Abb. 137.

dern, unter denen Hartholzkeile als Ausrüstungsvorrichtung angeordnet und die durch Verstrebungen (Latten, schmale Bretter, Schwarten, dünne

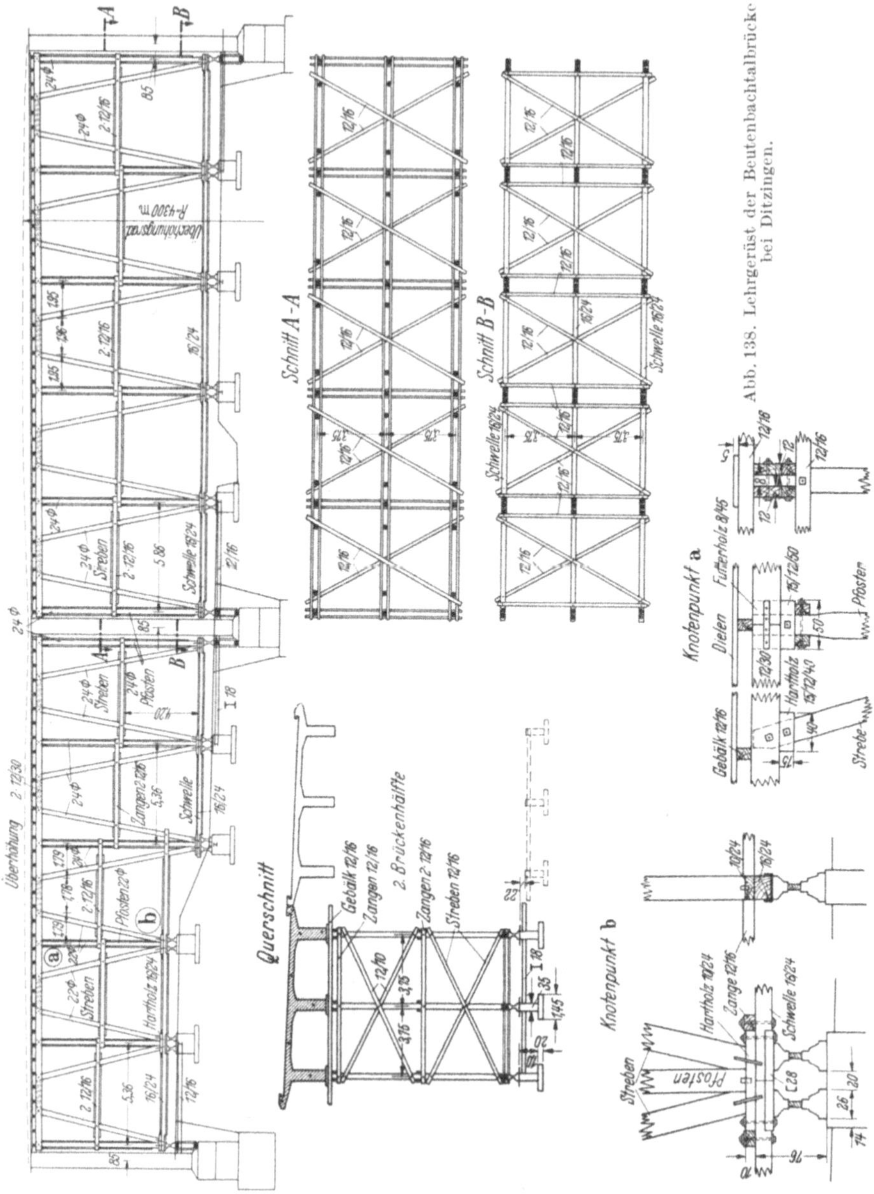

Abb. 138. Lehrgerüst der Beutenbachtalbrücke bei Ditzingen.

Halbrundhölzer) gegeneinander abgesteift sind. Bei großer Höhe und schweren Lasten ist das Gerüst bisweilen unterteilt; dann liegen die Ausrüstungsvorrichtungen zwischen Ober- und Untergerüst.

Schalgerüste sind genau so sorgfältig zu berechnen und zu konstruieren wie Lehrgerüste; die dort aufgestellten Grundsätze sind auch hier in vollem Umfange maßgebend.

Abb. 136 zeigt einen Ausschnitt aus dem Schalgerüst des *Überganges bei Denkendorf* der Reichsautobahn Stuttgart—Ulm (Ausführung: Beton- und Monierbau). Da die Bodenpressung unter dem Stampfbetonfundament zu hoch wurde, ist dieses auf neun gerammten Pfählen ⌀ 22 gegründet[1]. Zweckmäßigerweise hätte man das Sprengwerk bis unter die Absenkvorrichtungen gehen lassen sollen. Die Verwendung sog.

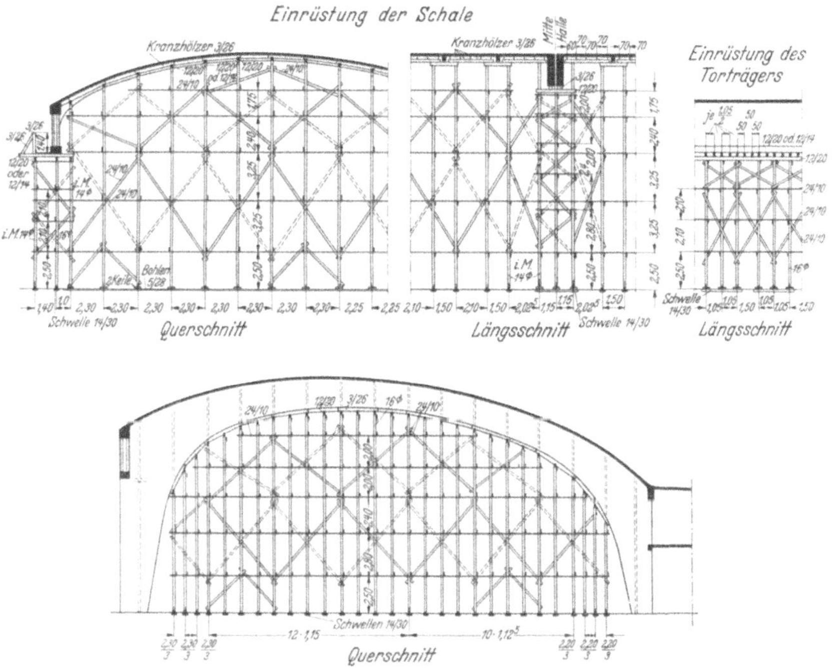

Abb. 139. Einrüstung eines Schalenbaues.

Beißbleche, wie sie in diesem Beispiel vorkommen, hat sich nicht bewährt. Ihre Druckübertragung ist sehr beschränkt, weil sie sich kugelförmig durchbiegen, wenn sie den Druck auf größere Flächen übertragen sollen. In dem nächsten Beispiel (Abb. 137), Lehrgerüst der Brücke über die Franzosenschlucht (Ausführung: Beton- und Monierbau) sind diese Beißbleche über den Ständern des Sprengwerkes durch Abfallstücke von Larssendielen ersetzt. Lediglich unter den Kranzhölzern sind sie noch belassen, weil dort die auftretenden Kräfte nicht groß sind. Besser werden sie jedoch auch dort durch [- oder L-Stähle ersetzt. So sind z. B.

[1] Schächterle, K.: Beton u. Eisen 35 (1936) S. 1—4 und 25—28.

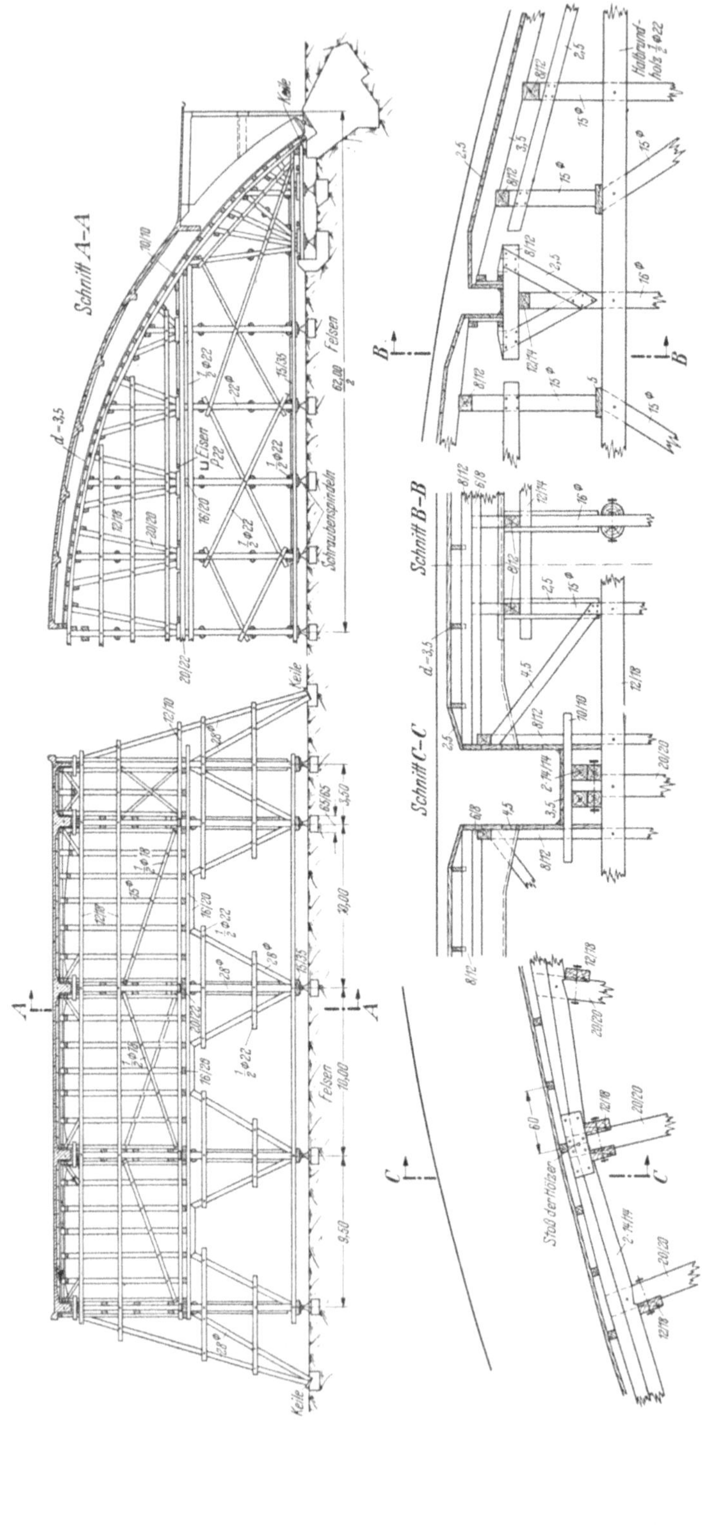

Abb. 140. Schalgerüst für eine Flugzeughalle.

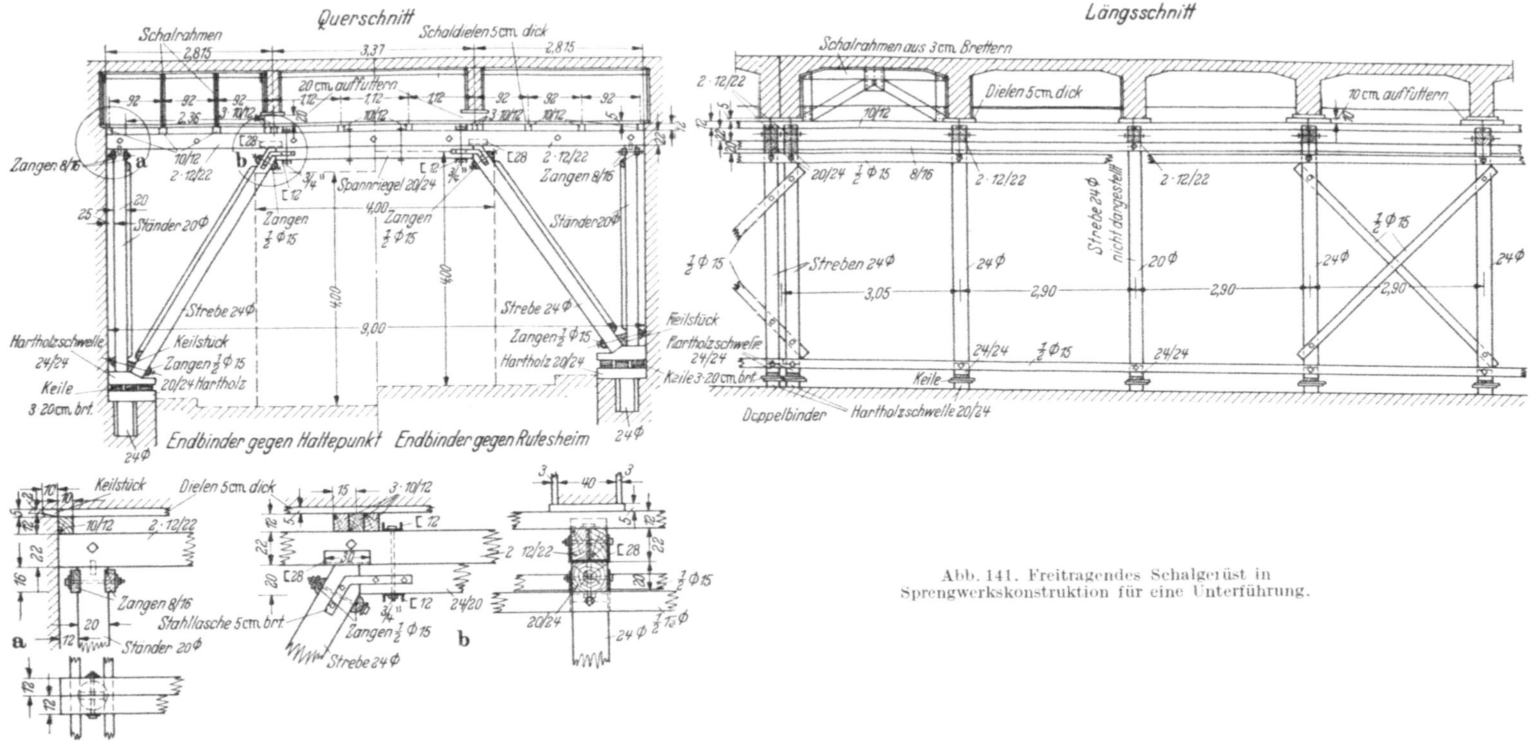

Abb. 141. Freitragendes Schalgerüst in Sprengwerkskonstruktion für eine Unterführung.

beim Lehrgerüst des Murrtalviaduktes bei Backnang ⅃L-förmige Laschen 9/24 cm von 5 mm Dicke und 50 cm Länge verwendet, die genügend biegungssteif sind und zwischen den Kranzhölzern und den Zapfen der Pfosten eingepaßt liegen. Diese Winkel ersetzen gleichzeitig die sonst üblichen Flachstahllaschen[1].

Abb. 138 zeigt den Lehrgerüstplan der Beutenbachtalbrücke bei Ditzingen an der Reichsautobahnstrecke Stuttgart—Heilbronn (Ausführung: Kübler). Hier sind doppelte Kranzhölzer verwendet.

In Abb. 139 ist die Einrüstung eines *Schalenbaues* dargestellt. (Ausführung: Dyckerhoff & Widmann).

Nähere Einzelheiten über die Gerüste weitgespannter Hallen- und Kuppelbauten bei Fr. Dischinger und U. Finsterwalder[2].

In Abb. 140 ist das Schalgerüst für eine Flugzeughalle dargestellt. Als Ausrüstungsvorrichtungen wurden in diesem Falle Schraubenspindeln verwandt. Beim Absenken des Gerüstes ergaben sich nur geringe Senkungen, im Bogenscheitel 4 mm, im Bogenviertel nur 2 mm; während des Betonierens hatte das Gerüst nur 2—4 mm nachgegeben. (Entwurf: Oberingenieur J. Arstad. Ausführung: Bauunternehmung Jager, Merzig-Saarbrücken.)[3]

Abb. 141 zeigt noch ein freitragendes Schalgerüst in Sprengwerkskonstruktion für die Unterführung der Verbindungsstraße vom Haltepunkt nach der Ortschaft Rutesheim unter der Reichsautobahnstrecke Stuttgart—Karlsruhe. Diese Konstruktion mußte deshalb gewählt werden, weil während des Baues der Verkehr auf der Straße aufrecht erhalten werden mußte.

C. Aufstellgerüste [*14*, *15*].

Während Stahlbrücken kleinerer Stützweite (etwa bis 30 m) meistens vollständig zusammengebaut durch Schwenkkrane oder Eisenbahnkrane eingelegt werden können, ist beim Bau größerer Brücken ein besonderes Aufstellgerüst erforderlich, da die Brücke in Einzelteilen zur Baustelle kommt und dort zusammengesetzt werden muß. Die Gerüste sind je nach den örtlichen Verhältnissen, der Art der Brücke, sowie den zur Verfügung stehenden Geräten und Gerüstteilen verschieden. Als Baustoff für derartige Gerüste kommt Holz oder Stahl in Frage. Holz hat den Vorteil besserer Anpassungsfähigkeit an Geländeunebenheiten, geringerer Vorarbeiten, schnellerer Aufstellung und besserer Wiederverwendbarkeit. Stählerne Gerüste sind bei großen Lasten, insbesondere wenn sie in einem Punkt konzentriert auftreten, bei hohen Aufbaugerüsten, sowie bei beengten Platzverhältnissen gegeben.

---

[1] Kaiser, A.: Bautechn. 17 (1939) S. 41.

[2] Dischinger, Fr. und U. Finsterwalder: Beton u. Eisen 31 (1932) S. 106.

[3] Arstad, I.: Beton und Eisen 38 (1939) S. 122—124.

In den meisten Fällen wird unter der zu erstellenden Brücke ein durchlaufendes **festes Holzgerüst** angeordnet, bestehend aus Pfosten bzw. Pfählen aus Rundholz, der Ausfachung (Kreuze, Zangen und Holme) aus Kantholz und der Gerüstabdeckung aus Bohlenbelag auf Kanthölzern und stählernen Unterzügen.

Bei gutem Baugrund werden *Pfosten* aus wirtschaftlichen Gründen Pfählen vorgezogen. Die Pfosten setzen sich auf hölzerne Schwellroste oder Hilfsfundamente aus Beton, die die Lasten auf das Erdreich übertragen. Um bei großen Auflasten und kleiner zulässiger Bodenpressung die Beanspruchung der Schwellen auf Druck und Biegung gering zu halten, sind meist mehrere Lagen von Schwellen kreuzweise übereinander anzuordnen, wobei darauf geachtet werden muß, daß die Schwellen in ein und derselben Lage gleiche Höhen aufweisen (Abb. 142).

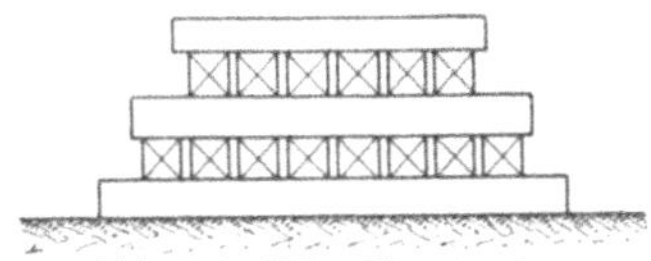
Abb. 142. Schwellenstapel.

Wenn mit Rücksicht auf die geringe Tragfähigkeit der obersten Bodenschichten die Gründung tiefer in die Erde gelegt werden muß und das Gerüst längere Zeit stehen bleibt, besteht bei hölzernen Schwellen unter Umständen die Gefahr der Fäulnis. Es werden dann an Stelle der hölzernen Schwellroste zweckmäßig *Hilfsfundamente* aus Beton angeordnet. Ein Beispiel hierfür ist das in Abb. 143 dargestellte Gerüst der rechtsrheinischen Seitenöffnung der z. Zt. im Bau befindlichen Rheinbrücke bei Rodenkirchen, das auf Betonfundamenten aufgesetzt ist, die bis in die tragfähige Bodenschicht reichen (Ausführung: Aug. Klönne).

Bei sehr schlechtem Baugrund sowie in Flüssen werden an Stelle der Pfosten *Pfähle* gerammt. Die Tragfähigkeit von Rammpfählen kann auf Grund der beim Schlagen der Pfähle festgestellten Eindringtiefe nach Erfahrungswerten bzw. vorhandenen Erfahrungsformeln (z. B. Brixsche Formel) ermittelt werden; in diesem Fall muß beim Rammen stets sorgfältig und gewissenhaft ein Rammregister geführt werden. Die Tragfähigkeit der gerammten Pfähle wird jedoch zweckmäßiger, insbesondere in zweifelhaften Fällen, durch eine Probebelastung ermittelt, wobei dann die später aufzubringende rechnerische Belastung nur einen Bruchteil der Probebelastung betragen darf. Ist der Boden steinig und mit größeren Felsblöcken durchsetzt, empfiehlt es sich, die Pfähle mit stählernen Pfahlschuhen zu versehen (Abb. 144).

Die einzelnen Pfosten bzw. Pfähle werden in Brückenquerrichtung durch kräftige Ausfachung miteinander verbunden. Die so entstandenen Wände sind dann in der Lage, die in Brückenquerrichtung auftretenden Windkräfte aufzunehmen. Meist werden je zwei Pfahl- bzw. Pfostenwände durch Hölzer, die in der Brückenlängsrichtung angeordnet sind,

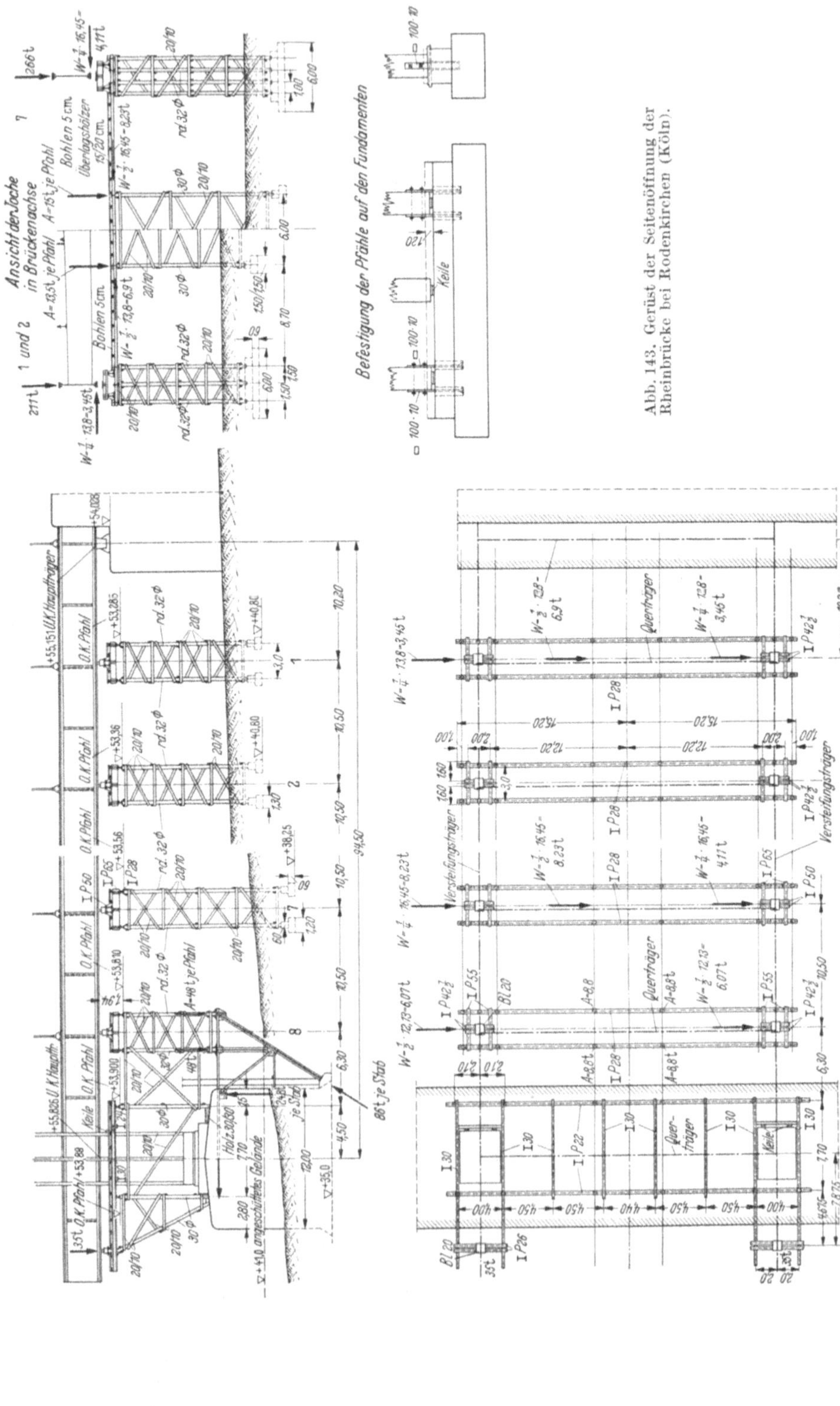

Abb. 143. Gerüst der Seitenöffnung der Rheinbrücke bei Rodenkirchen (Köln).

zu räumlichen *Jochen* verbunden, wodurch gleichzeitig die Knicklänge der Pfähle bzw. Pfosten nach beiden Achsen hin verkürzt wird. Die Pfahlköpfe werden durch querliegende Hölzer oder Stahlträger miteinander verkoppelt, auf denen die meist stählernen Längsträger liegen, die ihrerseits die Bohlen bzw. Vierkanthölzer der Gerüstabdeckung, die Kranbahn usw. tragen (Abb. 145). Aufstellgerüst der Straßenbrücke über die Düna (Ausführung: Gutehoffnungshütte).

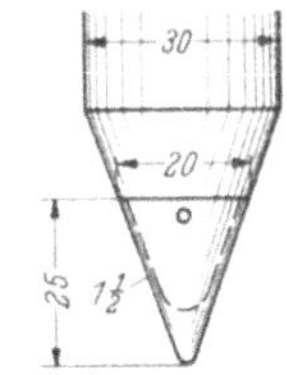

Abb. 144. Pfahlspitze mit stählernem Pfahlschuh.

Bei Pfahlgerüsten, die im Wasser stehen, werden die Pfähle unterhalb des Wasserspiegels durch stählerne Zugstangen miteinander verbunden, die kreuzweise angeordnet die Horizontalkräfte übernehmen. Als Zugstangen werden meist Rundstähle verwendet, an deren oberem Ende, noch über dem Wasserspiegel liegend, ein Spannschloß, am unteren Ende eine Kette oder Festklemmkonstruktion befestigt ist. Im allgemeinen besteht die Festklemmkonstruktion aus zwei durch Schrauben miteinander verbundenen stählernen Halbringen, die von oben abgelassen werden, um die Pfähle herumgreifen und sich beim Anspannen der Zugstangen am Pfahl festklemmen.

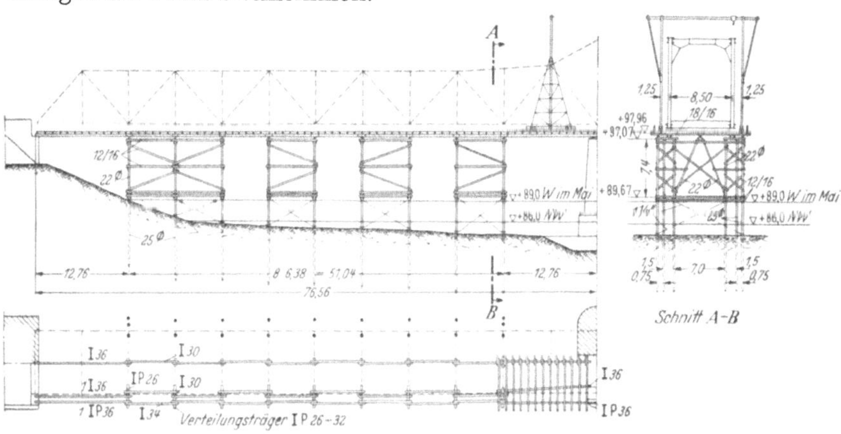

Abb. 145. Aufstellgerüst der Straßenbrücke über die Düna.

Die Pfähle können auch durch Schrägrammung zu einem sich nach oben verjüngenden Joch verbunden werden, wie dies aus Abb. 146, dem Aufstellgerüst der Oderbrücke bei Pommerzig (Ausführung: Aug. Klönne), hervorgeht. Es wurde hier neben der vorhandenen alten Brücke die neue Brücke auf einem Pfahlgerüst erstellt, das aus vier Schrägpfahljochen und zwei neben dem Widerlager angeordneten Pfahlwänden besteht, die zur Erreichung der erforderlichen Steifigkeit in Brückenlängsrichtung mit dem benachbarten Schrägpfahljoch durch

Kreuze und Holme verbunden sind. Die Köpfe der beiden zusammenstoßenden Schrägpfähle wurden sauber und eben abgeglichen und durch längsliegende eingekämmte U-Stähle und Schraubenbolzen miteinander

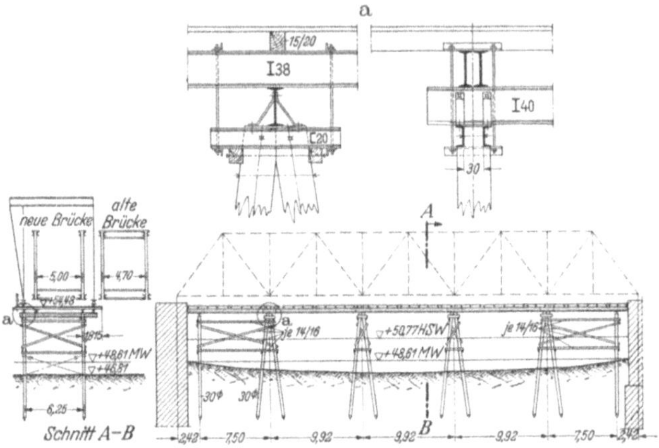

Abb. 146. Aufstellgerüst der Oderbrücke bei Pommerzig.

verbunden. Überlagsträger und Querhölzer sind durch Verspannung gegen die Pfahlköpfe festgelegt, wie aus den Einzelheiten der Abb. 146 ersichtlich ist.

Bei großen Knotenlasten werden mehrere Pfähle ziemlich dicht nebeneinander gestellt und die so erhaltenen Pfahlgruppen zu Jochen

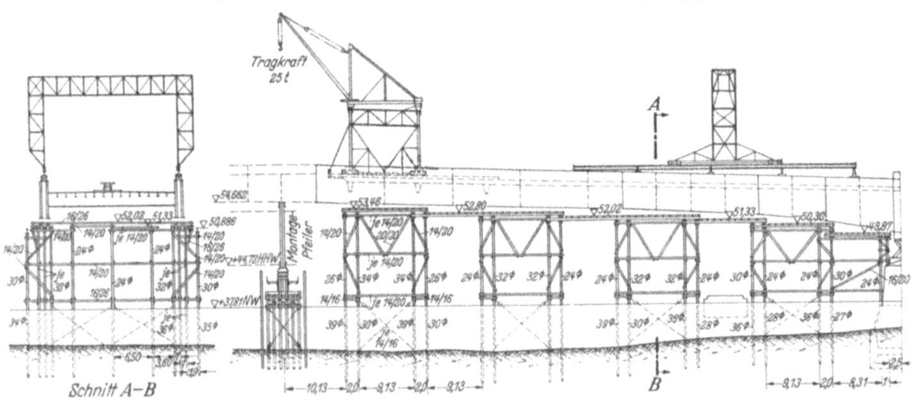

Abb. 147. Einrüstung der Mittelöffnung der Straßenbrücke über den Rhein in Köln-Mülheim.

vereinigt, wie dies aus Abb. 143 u. 147 hervorgeht. In der letzteren Abbildung ist das seitliche Drittel der Einrüstung der Mittelöffnung der Straßenbrücke über den Rhein in Köln-Mülheim (Ausführung: Arbeitsgemeinschaft MAN, Harkort und Union) dargestellt. Bei den Jochen beider Ausführungen wird die in einem Punkt konzentriert wirkende Last durch entsprechend angeordnete stählerne Roste auf sechs bzw. acht Pfosten gleichmäßig verteilt. Besteht ein Pfahlbündel aus einer großen Anzahl von Pfählen, so würde eine Anordnung von üblichen Verteilerrosten mehrere übereinander liegende Schichten von Rostträgern bedingen, eine Ausführung, die teuer ist und eine große Konstruktionshöhe benötigt. In diesem Fall wird man auf eine vollkommen gleichmäßige Verteilung der Lasten auf sämtliche Pfähle verzichten und an Stelle von mehreren Lagen von Rostträgern nur eine Lage von hohen möglichst steifen Vollwand- bzw. Fachwerkträgern anordnen, wie dies bei dem Montagepfeiler der Abb. 147 dargestellt ist. Auf diesem Montagepfeiler ruht eine 104 m weite Schiffahrtsöffnung auf. Der Montagehilfspfeiler ist durch Spundwände gegen das fließende Wasser und gegen Auskolkungen geschützt. In Abb. 148 ist nochmals ein derartiger Montagepfeiler mit der Schutzdalbeneinrichtung und den Leithölzern dargestellt. Rheinbrücke Speyer (Ausführung: Gutehoffnungshütte). Aus der Abb. 147 ist auch zu ersehen, wie das Gerüst bei bogenförmigem Untergurt der Stahlkonstruktion sich treppenförmig der Krümmung anpaßt.

Ist in Sonderfällen, z. B. neben abgesenkten Pfeilern der Boden so aufgelockert und nachgiebig, daß weder Fundamente noch Rammpfähle die nötige Tragfähigkeit gewährleisten, dann wird man beim Abfangen von Gerüsten zu Hilfsmitteln greifen müssen. In der Abb. 143 ist z. B. das dem Pfeiler benachbarte Joch 8 auf ein aus Stahlkonstruktion bestehendes, vom Pfeiler auskragendes Hilfskonsol abgesetzt. Die Lasten des Knotens 8 werden dadurch auf den Pfeiler übertragen.

Der *Zusammenbau* einer Brücke auf festem Gerüst geschieht meist durch einen Portalkran, der um die zu montierende Konstruktion herumgreift und auf besonderen Kranbahnen, die ebenfalls durch stählerne Unterzüge und Pfosten bzw. Pfähle getragen werden, läuft (vgl. Abb. 145 und 151). Das Transportgleis befindet sich zweckmäßig auf der bereits verlegten Brücke. Nur in Ausnahmefällen wird man den Transportsteg auf das Gerüst verlegen, und zwar dann, wenn der Antransport aus zwingenden Gründen von der anderen Seite erfolgt, als von der aus die Brücke montiert wird. Will man die auf dem Gerüst liegenden Kranbahnen vermeiden, so sind an Stelle der Portalkrane Derricks zu verwenden, wie dies aus Abb. 147 links hervorgeht. Der Derrick kann ebenso wie das Transportgleis auf die bereits verlegte Brücke aufgesetzt werden. Es ist in diesem Fall nur dafür zu sorgen, daß die Transportwagen mit den einzubauenden Konstruktionsteilen unter dem Derrick hindurchfahren können und der Schwenker des Derricks eine genügende Länge besitzt, um die angefahrenen Teile zu packen und nach vorn ausschwenkend einzusetzen. In der letzteren Abbildung ist übrigens außer dem Derrick noch ein besonderer Portalkran vorhanden, der die Restarbeiten

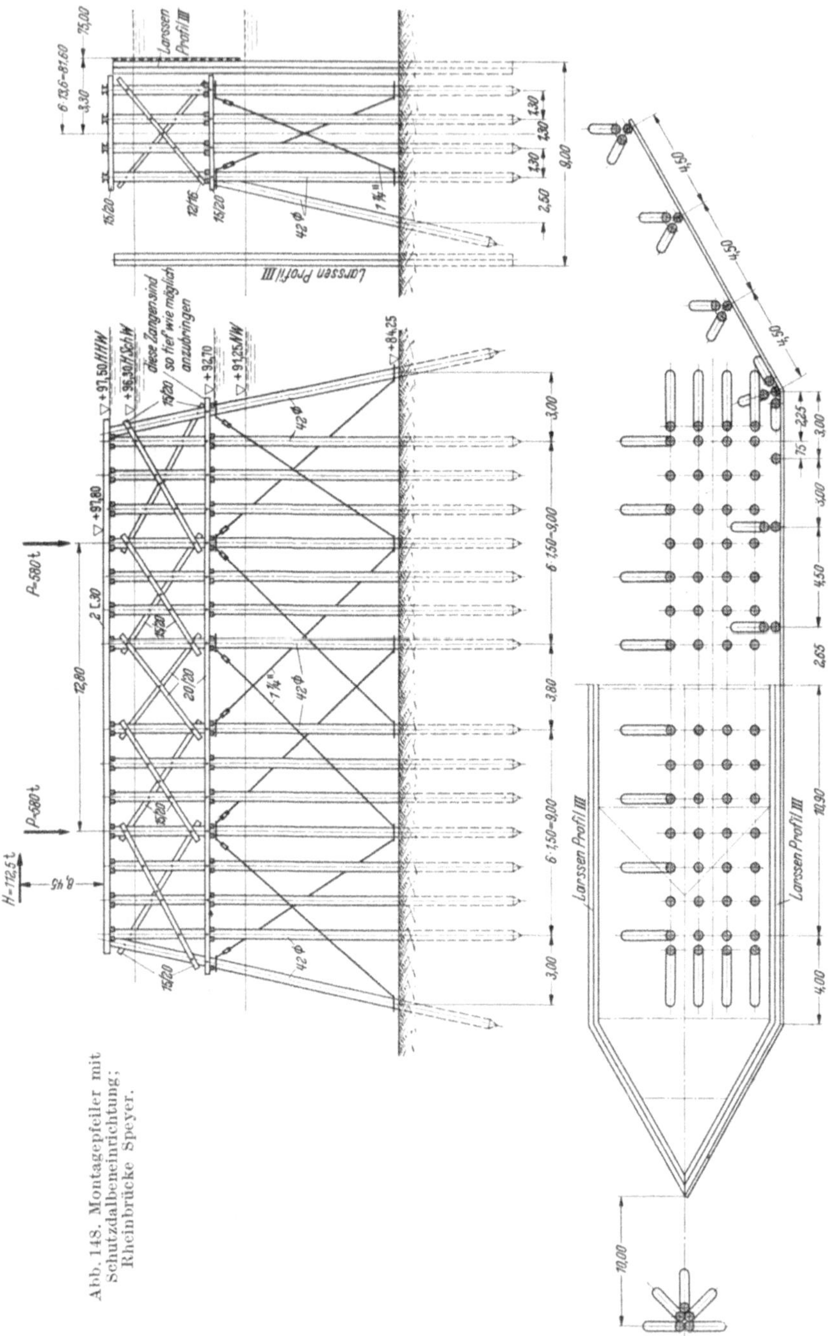

Abb. 148. Montagepfeiler mit Schutzdalbeneinrichtung; Rheinbrücke Speyer.

(Verlegen von Zwischenquerträgern usw.) ausführt. Der Portalkran läuft in diesem Fall auf einer horizontalen Kranbahn, die auf dem schräg liegenden Obergurt der Hauptträger durch entsprechende Unterklotzung gelagert ist.

Erforderliche *Durchfahrtsöffnungen* in einem Gerüst, sei es für Schiffe oder Flöße bei Überbrückung eines Wasserlaufes oder für Fuhrwerke bei Überbrückung einer Straße, werden durch besondere Tragkonstruktionen, bei größeren Spannweiten durch stählerne Gerüstbrücken über-

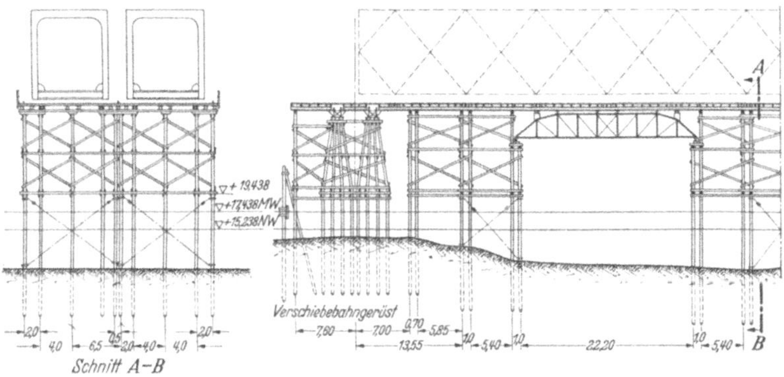

Abb. 149. Aufstellgerüst der Eisenbahnbrücke über den Rhein bei Wesel.

deckt. Abb. 149: Eisenbahnbrücke über den Rhein bei Wesel (Ausführung: Aug. Klönne). Für solche stählerne Gerüstbrücken werden nach Möglichkeit, wie dies auch im vorliegenden Fall geschehen ist, alte, an anderen Stellen ausgewechselte Brückenträger verwendet.

Der **„freie Vorbau"** wird angewandt, wenn die Erstellung fester Gerüstplattformen bzw. besonderer Gerüstbrücken nicht möglich oder zu kostspielig ist. Dabei ist jedoch erforderlich, daß ein Teil des Überbaues bereits erstellt ist und von diesem aus mittels eines Freivorbaukranes weiter gebaut wird, wobei der bereits erstellte Teil als Gegengewicht dient. Ist ein genügendes Gegengewicht nicht vorhanden, so müssen sonstige künstliche Verankerungen bzw. Gegengewichte geschaffen werden. Man kann auch von einem Pfeiler aus nach beiden Seiten frei vorbauen, so daß in bezug auf die Pfeilerlängsachse möglichst symmetrische Belastung auftritt. Der Freivorbau wird insbesondere bei den sog. Talbrücken angeordnet, die als durchlaufende Träger zur Überbrückung von Talmulden dienen.

Der „echte Freivorbau" arbeitet ohne jegliche Hilfsgerüste und baut die stählernen Träger von Pfeiler zu Pfeiler frei vor. Bei „unechtem Freivorbau" werden noch Gerüstjoche zwischengeschaltet, auf die die einzelnen Brückenteile mittels Freivorbaukränen aufgelegt werden. In

Abb. 150 ist ein solches Freivorbaugerüst schematisch dargestellt. Die dabei erforderlichen Gerüstjoche können wieder aufgesetzt oder gerammt sein und werden meist der Höhe nach in verschiedene aufeinander-

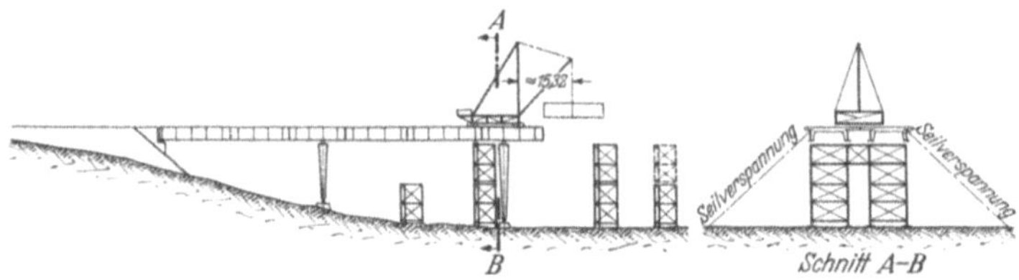

Abb. 150. Schematische Darstellung eines Freivorbaugerüstes.

gesetzte Geschosse unterteilt. Sind die Gerüstjoche sehr hoch, so müssen sie, bevor die Brückenlast aufgebracht wird, gegen Windkräfte seitlich abgefangen werden.

Beim Bau von Bogenbrücken sind außer den bereits erwähnten Gerüstplattformen noch besondere *Obergerüste* erforderlich, auf die die Bogenteile zunächst abgesetzt werden. Diese Obergerüste kann man, falls die Hängestangen aus steifen Profilen bestehen, mit diesen Hängestangen vereinigen. Die Obergerüste haben außer der Knotenlast der daraufliegenden Bogenteile noch die Niet- und Schweißgerüste zu tragen, die als Arbeitsgerüste zum Verdornen, Verschrauben, Aufreiben

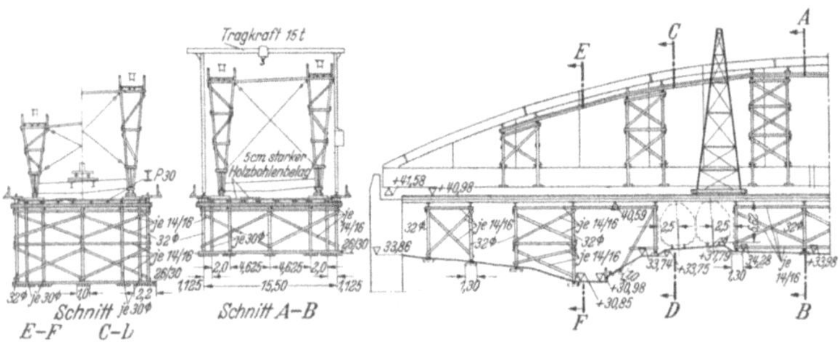

Abb. 151. Aufstellgerüst der Reichsautobahnbrücke am Block Kaiserberg bei Duisburg.

und Verschweißen der Konstruktionsteile dienen. Wenn die auftretenden Kräfte es gestatten, werden die Obergerüste wegen der eingangs erwähnten Vorteile aus Holz hergestellt; nur bei großen Lasten bzw. großen Stützweiten wird man zum Stahl greifen.

Zum Höhenausgleich werden zwischen der abzustützenden Bogenkonstruktion und dem Obergerüst Kopfschrauben oder Pressen zwischengeschaltet. Abb. 151: Reichsautobahnbrücke am Block Kaiserberg bei Duisburg (Ausführung: Aug. Klönne). Bei dieser Brücke bestehen die Hängestangen aus Rundstählen und sind daher zum Mittragen der aufliegenden Bogenkonstruktion ungeeignet. Die Bogenkonstruktion stützt sich allein auf die hölzernen Gerüste ab, die ihrerseits auf dem Versteifungsträger gelagert sind. Eine unmittelbare Verlagerung der Obergerüste auf dem Untergerüst wurde vermieden, da der gesamte Überbau nach Fertigstellung abgesenkt und verschoben werden mußte, wobei dann nach dem Verschieben noch Nacharbeiten am Bogengurt von den Obergerüsten aus auszuführen waren.

Müssen Brückenauswechslungen unter Vermeidung von Verkehrsunterbrechungen in kurzen Betriebspausen vorgenommen werden, so werden die neuen Überbauten auf besonderen Aufstellgerüsten parallel zum alten Überbau fertig erstellt und auf *Verschiebegerüsten* unter Kupplung des neuen und alten Überbaues in einer Betriebspause seitlich eingeschoben. Dazu werden die Überbauten auf Rollwagen aufgesetzt, die ihrerseits auf stählernen Verschiebebahnträgern laufen. Die Verschiebebahnträger werden unter Beachtung der großen konzentrierten Lasten meist durch Pfahlbündel abgestützt. In Abb. 149 ist der Querschnitt einer solchen Verschiebebahnabstützung am Ende der Überbauten gezeigt. Je nach der Größe der zu verschiebenden Lasten können die Rollenwagen bis zu acht Rädern besitzen. Die Anwendung mehrerer Rollen hat auch den Vorteil einer weitgehenden Verteilung der konzentrierten Einzellasten auf die Unterkonstruktion.

Ein *Längsverschieben* der Brücke wird dann angewendet werden, wenn mit Rücksicht auf die vorhandene Örtlichkeit der Überbau auf dem festen Lande gegebenenfalls unter Vermeidung jeglicher Gerüste erstellt werden kann. Beim Längsverschieben der Brücke läuft das hintere Brückenende meist auf Rollenwagen über eine Verschiebebahn. Das vordere Brückenende wird entweder auf ein Ponton gesetzt und zum anderen Ufer geschwommen, oder es wird mit einem Verlängerungsschnabel versehen, so daß das Schnabelende bereits das jenseitige Ufer erreicht, ehe der Schwerpunkt der Brücke über die äußerste Unterstützung des diesseitigen Ufers hinwegrollt.

Der erste Fall ist in Abb. 152 — Straßenbrücke über die Donau bei Novi-Sad (Ausführung: Aug. Klönne) gezeigt, wo das landseitige Brükkenende auf einem Verschiebewagen aufgesetzt ist, der über eine Betonbahn hinwegrollt, das vordere Brückenende auf ein Doppelponton aufgesetzt und herübergeschwommen wird.

In Abb. 153: Längsverschiebung einer eingleisigen Eisenbahnbrücke über den Rhein-Herne-Kanal (Ausführung: Aug. Klönne), ist der zweite Fall dargestellt.

Sind die Schiffahrts- und Strömungsverhältnisse so ungünstig, daß die Errichtung von festen Gerüsten unmöglich wird, kann man den Überbau anderen Orts auf einem festen Gerüst in der Nähe des Ufers im Bereich des schiffbaren Wassers zusammenbauen. Das Gerüst enthält entsprechende Aussparungen, die durch stählerne Träger überdeckt wer-

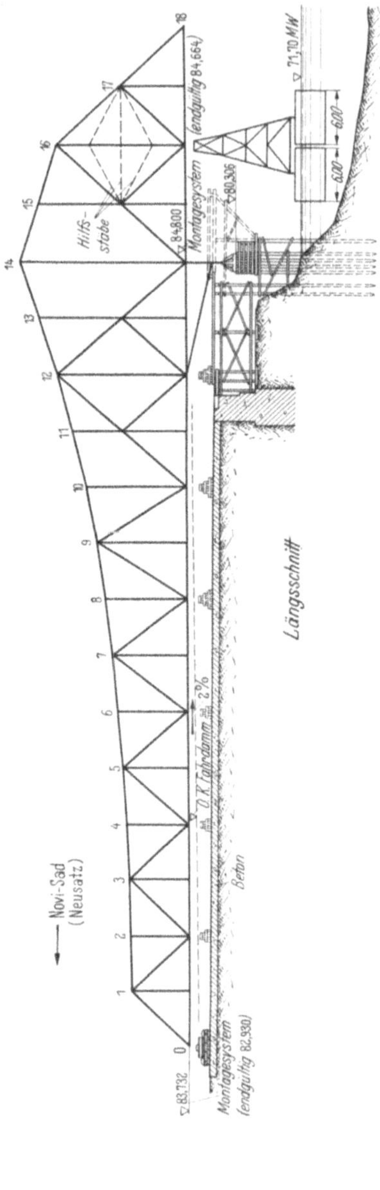

Abb. 152. Aufstellung der Straßenbrücke über die Donau bei Novi-Sad (Neusatz).

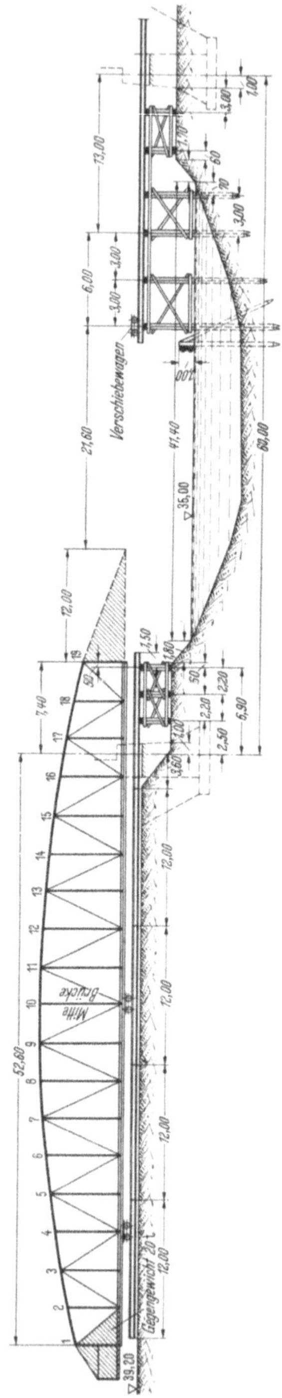

Abb. 153. Längsverschiebung einer eingleisigen Eisenbahnbrücke über den Rhein-Herne-Kanal.

den, ähnlich wie in Abb. 149 dargestellt ist. Nach deren Entfernung werden Prähme unter die Brücke gefahren, die Brücke durch Auspumpen

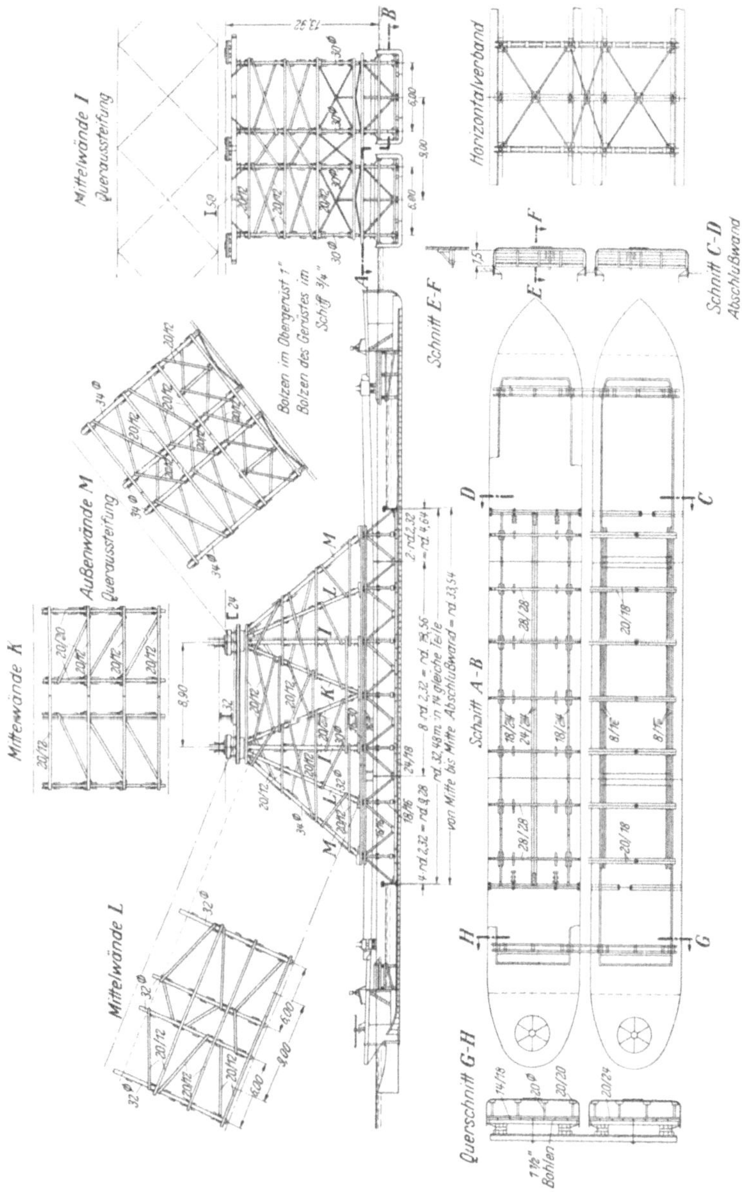

Abb. 154. Schiffsausrüstung beim Bau der Eisenbahnbrücke über den Rhein bei Wesel.

des Ballastwassers angehoben und verschwommen. Sehr große Sorgfalt erfordert dabei der Bau der auf den Pontons aufzustellenden *Schiffs-*

gerüste, insbesondere der im Prahm liegenden Längsausrüstung, die die Verteilung der konzentriert auftretenden Lasten derart in Prahmlängsrichtung vornehmen muß, daß die Beanspruchung der Prähme innerhalb der zulässigen Grenzen bleibt. Bei großen Lasten können dabei auch zwei Prähme nebeneinander angeordnet werden; die beiden Prähme sind durch Träger und Gerüstquerwände entsprechend miteinander zu verbinden. Zur Erhöhung der seitlichen Stabilität können die Prähme noch mit Drahtseilen nach dem Überbau hin abgefangen werden. Ein charakteristisches Beispiel für die Ausbildung von Schiffsgerüsten ist in der Abb. 154 gezeigt, in der die Schiffsausrüstung beim Bau der Eisenbahnbrücke über den Rhein bei Wesel (Ausführung: Aug. Klönne) dargestellt ist. Es genügte bei diesen Prähmen, die Verteilungsträger etwa über die Hälfte der Schiffslänge zu führen. Das vordere und hintere Ende jedes Prahmes wurde durch eine wasserdichte Schottwand abgeschlossen, und es wurden somit Behälter zum Fassen des Ballastwassers geschaffen. Die

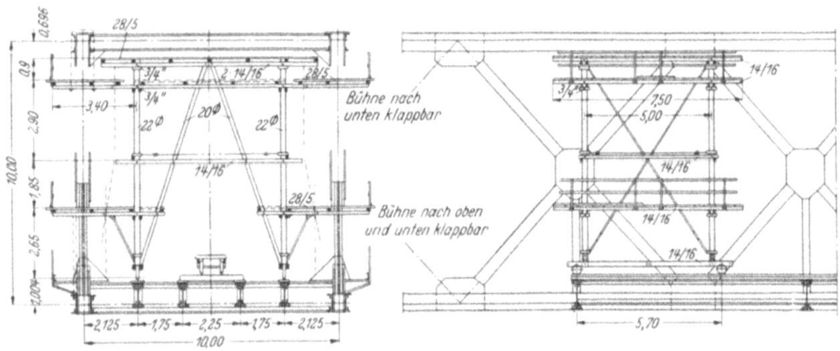

Abb. 155. Fahrbares Nietgerüst beim Bau der Rheinbrücke Ludwigshafen-Mannheim.

Prähme werden jeweils unter die zu verschiebende Brücke gefahren, die Brücke durch Auspumpen des im Prahm befindlichen Ballastwassers angehoben, verschwommen und an Ort und Stelle durch Wiederfüllen der Prähme mit Ballastwasser in die endgültige Lage abgesetzt. Dementsprechend müssen in den Prähmen ausreichende Vorrichtungen zum Lenzen geschaffen werden. Man beachte bei dem dargestellten Beispiel die zahlreichen Verbände und Ausfachungen, die insbesondere mit Rücksicht auf unvorhergesehene Kräfte, wie Schiffsstoß, Seitenströmung, Wellenschlag usw. erforderlich sind.

Außer den erwähnten Hauptrüstungen sind bei den meisten Bauwerken noch *Hilfsgerüste* erforderlich. Geschieht z. B. der Antransport der Stahlkonstruktionsteile auf dem Wasserwege, so wird die Entladung der Schiffe oder Schuten durch Schwenkkrane oder Portalkrane bisweilen von einem besonderen Entladegerüst aus vorgenommen, das gleichzeitig als Gerüstplattform zum Absetzen der einzelnen Stücke dienen kann.

Zur Ausführung der Niet- und Schweißarbeiten werden Hilfsgerüste benötigt, die fahrbar oder verschiebbar den Arbeitsboden zum Vernieten und Verschweißen der einzelnen Konstruktionsteile bilden. Abb. 155 zeigt ein fahrbares Nietgerüst mit klappbaren Arbeitsbühnen beim Bau der Rheinbrücke Ludwigshafen-Mannheim (Ausführung: MAN). Das Arbeitsgerüst kann auf die ganze Brückenlänge verfahren werden. Es läuft dabei auf den äußeren Fahrbahnlängsträgern und schafft eine Zugänglichkeit zu sämtlichen Arbeitsstellen. Bei vorhandenen Obergerüsten

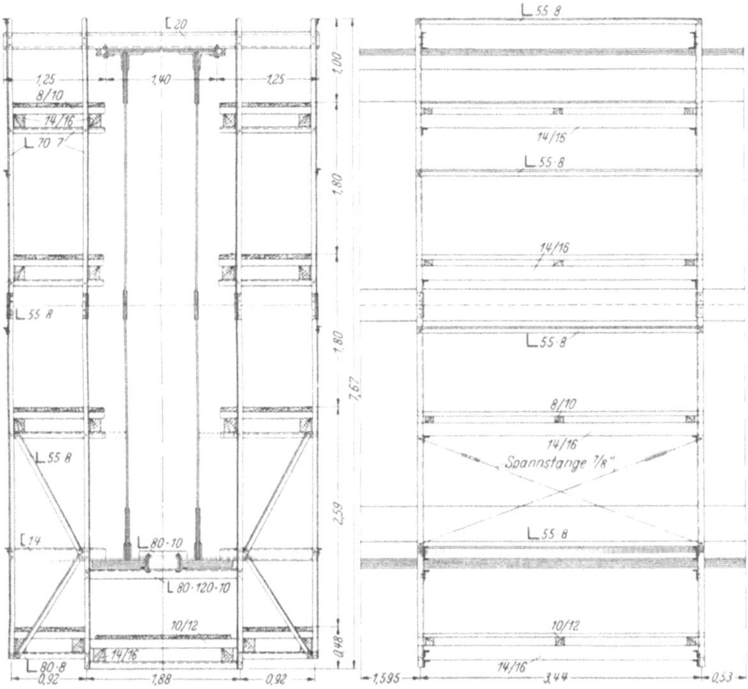

Abb. 156. Hängerüstung für den Freivorbau des Versteifungsträgers der Straßenbrücke über den Rhein in Köln-Mülheim.

werden die Hilfsgerüste in einfacher Weise mit der unterstützenden Konstruktion vereinigt, wie in Abb. 151 dargestellt ist. Die Abb. 156 zeigt die Hängerüstung für den Freivorbau des Versteifungsträgers der Straßenbrücke über den Rhein in Köln-Mülheim. Dieses Gerüst kann auf dem Obergurt der Versteifungsträger längs verrutscht werden. Die einzelnen Bühnen sind in 1,80 m gegenseitigem Abstand angeordnet, so daß eine genügende Standhöhe zum Arbeiten vorhanden ist. Derartige Hängerüstungen werden auch an zu verstärkende oder zu erweiternde Brücken oftmals angehängt; sie können z. B. in einfacher Weise an bestehende Gurte gemäß Abb. 157 angeklemmt werden.

Die Verbindung der einzelnen Hölzer miteinander sowie ihre Festlegung auf der stählernen Unterkonstruktion geschieht im Gerüstbau auf möglichst einfache Art. Dabei wird man die Hölzer so wenig wie möglich verschneiden und die einfachsten Holzverbindungen wählen. Als Ver-

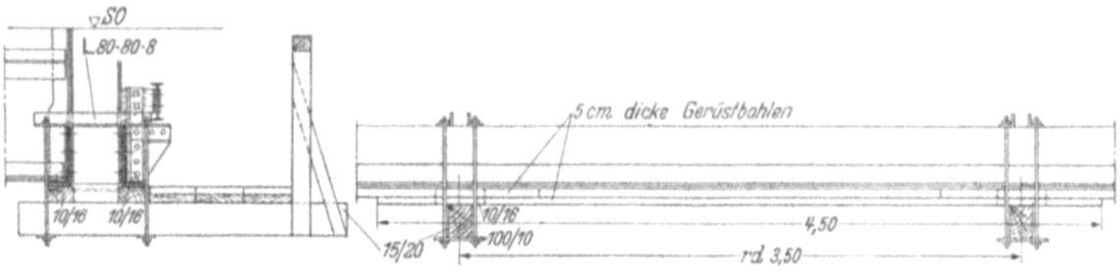

Abb. 157. Hängerüstung (an einen bestehenden Gurt angeklemmt).

bindungsmittel kommen nur Klammern und Schraubenbolzen, diese zweckmäßigerweise in Verbindung mit Einpreßdübeln in Frage. Besonders viel verwandt sind in den letzten Jahren die bekannten Alligator-Zahnringdübel.

Nach erfolgter Fertigstellung der Brücke muß das Gerüst von der Brücke getrennt werden, um das Bauwerk zum Tragen zu bringen. Hierzu bedient man sich im Stahlbrückenbau meistens der Schraubenspindeln und Hebeböcke. Die Schraubenspindeln (auch Kopfschrauben genannt) haben Tragfähigkeiten von 20—35 t.

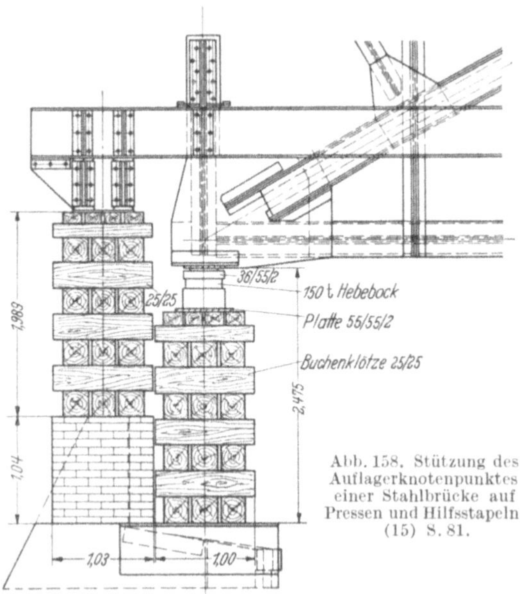

Abb. 158. Stützung des Auflagerknotenpunktes einer Stahlbrücke auf Pressen und Hilfsstapeln. (15) S. 81.

Bei größeren Lasten werden hydraulische Hebeböcke verwendet, die in üblicher Ausführung bis zu 300 t Hubkraft und etwa 200 mm Hubhöhe besitzen. Soll eine Brücke um eine größere Höhe angehoben werden, so ist es bei Verwendung von normalen Pressen erforderlich, die Brücke jeweils nach Ausführung eines Hubes wieder auf eine entsprechende Unterstützung (meist Schwellenstapel) abzusetzen, unter die Presse eine Schwellenlage unterzubauen und von neuem anzuheben. Die Stützung erfolgt dann immer abwechselnd auf Pressen und Hilfsstapeln. Abb. 158: Brücke über die Fuhlsbütteler Straße in Hamburg

(Ausführung: Dortmunder Union). Um die Hilfsstapel zu vermeiden, verwendet man im Brückenbau mit Vorliebe sog. Perpetuum-Hebeböcke (vgl. auch [*15*], S. 53/54).

D. Hilfsgerüste.

Die Verwendung von Hilfsgerüsten ist im gesamten Bauwesen sehr mannigfaltig. Sie dienen als **Fördergerüste** (*Fahr- und Aufzugsgerüste*) zur Anfuhr der Baustoffe, Bauteile und Geräte, sowie zum Verkehr zur Baustelle überhaupt und als **Arbeitsgerüste** (bei Steinbrücken auch *Versetzgerüste* genannt). Meist wird ein und dasselbe Gerüst für mehrere Zwecke benutzt. Bei Brücken werden Hilfsgerüste auf einer oder auf beiden Seiten angeordnet, je nachdem ein Auslegerkran oder ein Portal- bzw. Brückenkran Verwendung findet. Sehr oft wird auch das Förder- und Arbeitsgerüst über die Brücke hinweggeführt und in Verbindung mit dem Lehr- bzw. Schalgerüst errichtet. Jedoch ist dabei zu bedenken, daß die Schwankungen und Stöße, die in dem Fördergerüst auftreten, sich auf das Lehrgerüst und damit auf das Gewölbe übertragen. Die Ausbildung der Fördergerüste erfolgt bei schwerem Lokomotivbetrieb ähnlich wie bei den Gerüstbrücken. Bei Erdtransport finden vielfach I-Stähle als Hauptträger Verwendung.

Bei kleinen Stützweiten stützt man auch das Fördergerüst über den Gewölbepfeilern ab und überbrückt die Öffnung zwischen diesen freitragend (fliegendes Gerüst).

Abb. 159 zeigt einen Ausschnitt aus dem Arbeitsgerüst der Brücke über das Waschmühltal der Reichsautobahn Saarbrücken—Mannheim (Ausführung: Arbeitsgemeinschaft Neue Baugesellschaft Wayhs & Freytag und Dyckerhoff & Widmann). Auf der einen Seite befindet sich der Aufzug und der Transportsteg für Steine, auf der anderen Seite (in der Zeichnung nicht dargestellt) der für Beton. Der Aufbau der Gerüste für die Pfeiler erfolgt stufenweise[1].

Abb. 160: Arbeits-Transportgerüst am rechten Ufer Rheinbrücke Krefeld—Ürdingen—Mündelheim (Ausführung: Dyckerhoff & Widmann). Es sei ausdrücklich darauf aufmerksam gemacht, daß die oberen Querzangen, die die Gleise tragen, auf den Pfosten aufliegen und die Längszangen nicht belasten. Beim Schnitt *E*—*F* wäre es zweckmäßig gewesen, unmittelbar unter der Schrägstrebe eine mit dem Schrägpfahl verzahnte Knagge anzubringen, um jede Druckübertragung auf die Pfette und das Zangenpaar auszuschließen.

---

[1] Ernst, E.: Bauing. 19 (1938) S. 449—455.

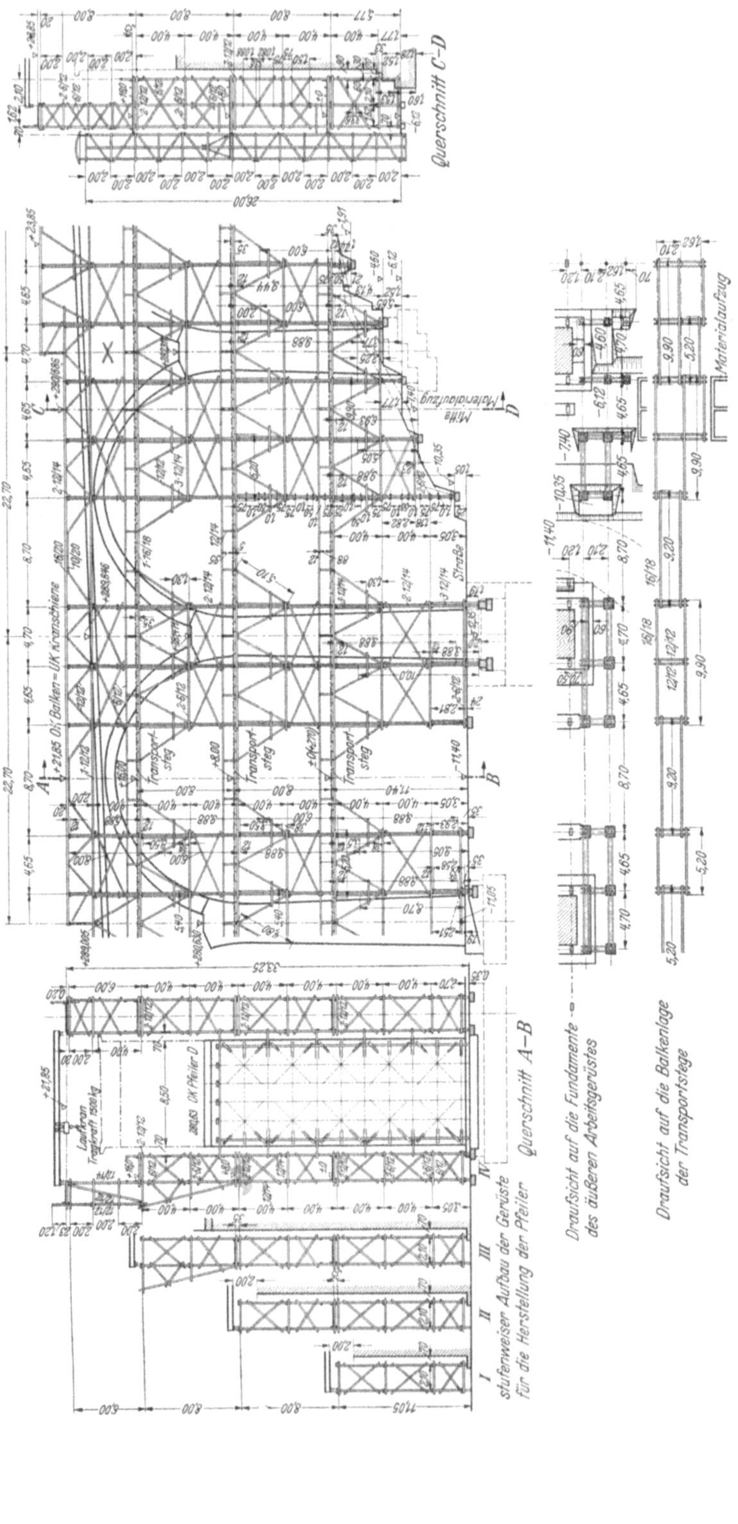

Abb. 159. Arbeitsgerüst der Brücke über das Waschmühltal.

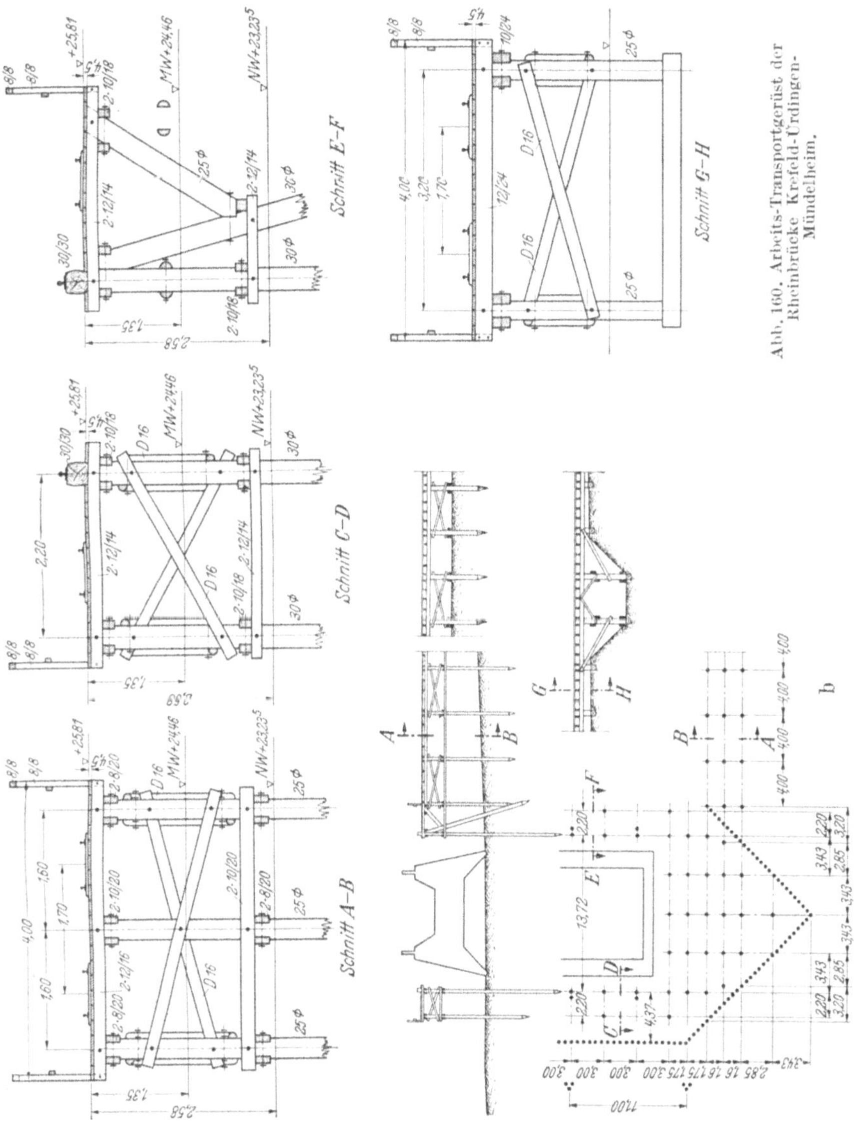

Abb. 160. Arbeits-Transportgerüst der Rheinbrücke Krefeld-Ürdingen-Mündelheim.

Schrifttum-Verzeichnis.

1 BAUMANN-LANG: Das Holz als Baustoff, 2. Aufl. München 1927.
2 SEITZ: Grundlagen des Ingenieurholzbaus. Berlin 1925.
3 STAUDACHER: Der Baustoff Holz. Zürich und Leipzig 1936.
4 GESTESCHI: Grundlagen des Holzbaus. 3. Aufl. Berlin 1930.
5 BÖHM: Handbuch der Holzkonstruktionen des Zimmermanns. Berlin 1911.
6 GESTESCHI: Der Holzbau. Aus Handbibliothek für Bauingenieure, IV. Teil, Bd. 2. Berlin 1926.
7 STOILOFF: Gestaltung der Knotenpunktverbindungen hölzerner Fachwerkträger. Stuttgart 1935.
8 SEITZ: Hallenbau. Beitrag in „Bauen in Holz", herausgegeben von STOLPER. Stuttgart 1933.
9 STOY und FONROBERT: Holz-Nagelbau, 2. Aufl., unveränderter Neudruck. Berlin 1938.
10 MÖRSCH: Der Eisenbetonbau, 5. Aufl.,
a) II. Bd., 1. Teil (Eisenbetonschalung). Stuttgart 1926.
b) II. Bd., 2. Teil: Die Brücken aus Eisenbeton (Lehrgerüste). Stuttgart 1933.
11 *Mitteilungen des Fachausschusses für Holzfragen* beim Verein Deutscher Ingenieure und Deutschen Forstverein, Berlin.
a) Heft 6, 1933, SEITZ: Neuzeitliche Holzverbindungen.
b) Heft 10, 1934, GRAF und EGNER: Versuche über die Eigenschaften der Hölzer nach der Trocknung.
c) Heft 11, 1935, STOY: Tragfähigkeit von Nagelverbindungen im Holzbau.
d) Heft 12, 1935, BRENNER und KRAEMER: Holzvergütung durch Kunstharzverleimung.
e) Heft 17, 1937, Holzprobleme der Gegenwart. (Berichte über die Fachsitzungen der Holztagung 1936.)
f) Heft 20, 1938, GRAF: Tragfähigkeit der Bauhölzer und der Holzverbindungen.
g) Heft 21, 1938, Holzbau, Holzschutz, Holzverarbeitung (Vorträge der Holztagung 1937).
h) Heft 22, 1938, GRAF: Dauerfestigkeit von Holzverbindungen.
i) Heft 23, 1939, Bauholzfragen, Holzschutz, Holzverarbeitung (Vorträge der Holztagung 1938).
12 *Forschungsberichte Holz,* Heft 4, 1937.
EHRMANN und SEEGER: Neuere Untersuchungen über die Scherfestigkeit, Druckfestigkeit und Schlagfestigkeit von Kiefern- und Fichtenholz.
13 KOLLMANN: Technologie des Holzes. Berlin 1936.
14 SCHÖNHÖFER: Die Haupt-, Neben- und Hilfsgerüste im Brückenbau. Berlin 1911.
15 KIRCHNER: Rüstungsbau. Berlin 1924.

Druck von Julius Beltz in Langensalza.

GPSR Compliance

The European Union's (EU) General Product Safety Regulation (GPSR) is a set of rules that requires consumer products to be safe and our obligations to ensure this.

If you have any concerns about our products, you can contact us on ProductSafety@springernature.com

In case Publisher is established outside the EU, the EU authorized representative is:

Springer Nature Customer Service Center GmbH
Europaplatz 3
69115 Heidelberg, Germany

Batch number: 10682411

Printed by Printforce, the Netherlands